Das verborgene Alpha

von

Alexander Popoff

Die Wahrheit ist irgendwo da draußen:
außerhalb unseres Universums,
außerhalb unserer Zeit.

Das verborgene Alpha

original title The Hidden Alpha
Published in the United States of America

Aus dem Amerikanischen
von Bárbara Hämmerle López-Francos

www.alexanderpopoff.com

INHALT

4 Das verborgene Alpha

EIN FUNDAMENTALES RÄTSEL

Warum nimmt die übergeordnete Intelligenz keinen offenen Kontakt mit den Menschen auf?

1. Wenn es in unserem Universum bereits hoch entwickelte außerirdische intelligente Wesen gibt, warum sind sie dann nicht schon auf der Erde?

2. Warum beobachten wir keinerlei Aktivitäten außerirdischer Zivilisationen im Kosmos: Roboter-Raumsonden, Unfälle, Astro-Engineering, Krieg der Sterne, Raumschiffe, Kommunikationen, Signale, oder Funkwellen-Leckagen?

3. Was ist das UFO-Phänomen? Es gibt unzählige Berichte über UFO-Sichtungen, Abduktionen, sowie Begegnungen mit angeblich außerirdischen Kreaturen. Allein in den USA, behaupten etwa vier Millionen Menschen in einem UFO mitgenommen worden zu sein. Es liegen immer noch keine schlüssigen und eindeutigen Belege vor, welche deren Existenz als echte Raumfahrzeuge und intelligente Lebewesen beweisen könnten.

Warum nehmen überlegene Intelligenzen unseres Universums, anderer Universen, oder aus vermeintlichen anderen Dimensionen keinen offenen oder offiziellen Kontakt mit uns auf?

Für die Mega-Zivilisationen sind wir wie ein Monopoly-Spiel auf dem Tisch, bei belegten

6 Das verborgene Alpha

Brötchen und Bier. Wir sind durchweg sichtbar, zugänglich, manipulierbar und erreichbar.

EINLEITUNG:
DER VEKTOR

Auf die große Frage, warum es für die Existenz außerirdischer Intelligenz keine stichhaltigen Beweise gibt, wurden sowohl von akademischen als auch von unabhängigen Forschern zahlreiche Antworten vorgeschlagen. Es gibt allen Grund zu glauben, dass unser Universum voller Aliens sein sollte. Die große Anzahl an aufgestellten Hypothesen, welche die Seiten der Bücher, Zeitschriften, Fachzeitschriften, Zeitungen und des Internets überfluten, zeigen, dass es immer noch keine befriedigende Erklärung für dieses große Rätsel gibt.

Allerdings, wenn wir annehmen, dass aus irgendeinem Grund alle Zivilisationen unseres Universums etwa zur gleichen Zeit entstanden sind, so erhalten wir eine sehr elegante Lösung des Fermi-Paradoxons: das Universum ist voll von intelligenten Lebewesen, aber da sich diese auf einem fast gleichen Entwicklungsstand befinden, haben die meisten dieser zahlreichen intelligenten Rassen noch keinen Kontakt zu anderen; und sie haben auch keine Beweise für die Existenz von hochentwickelten Kreaturen gefunden. Sie machen, genauso wie die Menschen, ihre ersten Schritte in die Tiefen des Weltraums. Die führenden Intelligenzen reisen bereits in der Nachbarschaft ihrer Sternsysteme herum, aber sie stehen einer Vielzahl von Problemen gegenüber: finanzieller, biologischer, technischer Art, und so weiter, welche ihre Expansionsaktivitäten im Weltraum begrenzen.

Was könnte der Grund für solch eine gleichzeitige Entstehung der Intelligenz sein?

Die Hypothese der gleichzeitigen Entstehung setzt einen oder mehrere Faktoren voraus, die solch eine gleichzeitige Entstehung vorsehen. Es könnte etwas sein, welches das Entstehen von anspruchsvollem Leben vor einem bestimmten Zeitpunkt „verbietet", wie etwa häufige Explosionen von Gamma-Strahlen oder/und andere verheerende Naturereignisse von universellem und galaktischem Maßstab.

Wir könnten auch annehmen, dass es einen noch unbekannten natürlichen Mechanismus der Evolution gibt, welcher solch eine gleichzeitige Entstehung von komplexem Leben und hoher Intelligenz vorsieht.

Es gibt jedoch auch noch eine viel komplexere Erklärung. Es gibt Hinweise und Beweise, dass das Leben in unserem Universum dirigiert wird.

Alles Leben in unserem Universum basiert auf hartem Wettbewerb, damit die Natur die Evolution beschleunigen kann und damit die Grundlage liefert für (biologische) Vielfalt, Eigenschaften und Anzahl der Zivilisationen. Die intelligenten Rassen können nur dann erfolgreich konkurrieren, kooperieren und sich weiterentwickeln, wenn sie sich etwa auf dem gleichen Entwicklungsstand befinden. Die später entstehenden Weltraum-Zivilisationen könnten einen echten Wettbewerb mit intelligenten Wesen, die ihnen weit voraus sind, kaum überleben.

Andererseits, wenn es in unserer Galaxie auch nur eine kluge Rasse gäbe, die nur 1 Million Jahre weiter fortgeschritten wäre als der Mensch, dann hätte sie diese bereits vor sehr langer Zeit kolonisiert.

Genaues Timing ist sehr wichtig für komplexe Systeme, es ist sogar von entscheidender Bedeutung, da anstelle eines bis zum Rand gefüllten Universums mit gesunden, intelligenten Rassen, es nur eine oder einige wenige von ihnen geben könnte, welche nie den hohen Entwicklungsstand erreichen würden, wie im Falle einer Legion von hart konkurrierenden Zivilisationen.

Die Idee, dass ein kreativer, bewusster Schöpfer den Kosmos hervorgebracht hat, ist sehr alt. Die Hindu-Tradition sieht das Universum als einen überwältigenden Traum von Gott, der mit der Welt und ihren Bewohnern spielt. Im Laufe der Menschheitsgeschichte wurden die unterschiedlichsten Bilder des Allmächtigen hervorgebracht, als ein wohlwollender Hirte, als Vater aller Lebenden, als äußerst hoch entwickelter außerirdischer Besucher, als ein Träumer und uns als dessen Träume, als Handwerker mit übernatürlichen Kräften, als spielendes Kind, als ein weiser, alter Mann, als übernatürliches Superwesen, als harter Demiurg, und so weiter. Ein mutmaßliches Argument für die Existenz Gottes behauptet, dass, da die Existenz eine Art Vollkommenheit infolge der Evolution ist, Gott zwangsläufig existieren muss, und Er das vollkommenste aller Wesen ist.

10 Das verborgene Alpha

Er ist das Höchste Wesen, also auch der Höchste Herrscher. Einige moderne Gelehrte behaupten, dass Gott existiert und er ein Geschöpf ist wie wir, aber durch eine viel längere Evolution perfektioniert wurde.

Für die meisten der heutigen Gelehrten ist Gott eine unnötige Hypothese.

Es gibt moderne wissenschaftliche Theorien, Hypothesen und moderne Mythen (in einigen Fällen werden Wissenschaft, Mythos und Religion miteinander verwechselt), die behaupten, dass die Welt von obersten Alien-Rassen beherrscht wird, einer Art künstlicher Intelligenz oder von einem Supercomputer, von (lebenden) intelligenten Feldern, von kreativer, bewusster Energie, oder dass die Erde ihr eigenes Bewusstsein hat, und so weiter. Rupert Sheldrake behauptet, dass morphische Resonanzen im Universum alles beeinflussen und kontrollieren. Ein morphisches Feld ist ein Feld von Mustern, Ordnung, Form oder Struktur, welches Formen und Entwicklung der Lebewesen, des *Homo sapiens*, der Moleküle, Atome und alles weitere organisiert.

Auch Albert Einstein legte seine Position zu dieser kniffligen Angelegenheit dar: „Alles ist vorherbestimmt, Anfang wie Ende, durch Kräfte, über die wir keine Gewalt haben. Es is vorherbestimmt für das Insekt nicht anders wie für den Stern. Die menschlichen Wesen, die Pflanzen oder der Staub, sie alle tanzen nach einer geheimnisvollen Melodie, die ein unsichtbarer Spieler in den Fernen des Weltalls anstimmt."

Aber bislang gibt es nur drei Hauptgruppen von plausiblen Theorien zu diesem kontroversen Thema über Entstehung und Kontrolle des Universums und der Intelligenz:

1. Das Universum, das Leben und die Intelligenz sind das Ergebnis zufälliger Ereignisse und der Evolution durch natürliche Selektion.

2. Ein oberstes System (ein Bewusstsein, eine Kraft, oder ein intelligentes Wesen, natürlich oder künstlich) schuf das Universum durch Manipulation von Materie und Energie, und es hat immer noch die Kontrolle. Diese externe Struktur unterstützt die Entwicklung von Leben und Intelligenz.

3. Im Einklang mit einigen neueren Ideen, könnte die Sachlage eine Kombination aus den beiden vorherigen Theoriegruppen sein: die Materie, das Leben und die Intelligenz sind Gegenstand eines kreativen, externen führenden Systems, zufälliger Ereignisse und der Evolution mittels natürlicher Selektion. Die Evolution ist beides natürlich und unterstützt.

Die Menschen haben vor Tausenden von Jahren auf der Erde begonnen, die Evolution durch die Auslese von Pflanzen und Tieren zu unterstützen. Wir werden infolge aufstrebender moderner Technologien wie der Gentechnik in der Evolution der Arten auf der Erde und darüber hinaus eine bedeutende Rolle spielen. Die Menschen werden sogar ihre eigene Evolution unterstützen.

12 Das verborgene Alpha

Meiner Meinung nach, erben sich entwickelnde Universen von früheren Universen einen Vektor, aus dem Lateinischen *vector*, „Träger", eine natürliche Struktur und Mechanismus, der alle lebenden und nicht lebenden Strukturen des Universums organisiert. Der Vektor ist ein Träger, mit dem neue Universen Charakteristika und Modelle der Entwicklung von vorhergehenden Universen erhalten. Die bisherigen Entwicklungen, welche unzählige Milliarden von Malen erfolgten, ließen evolutionäre Muster im Vektor zurück, die Entwicklung der Menschen vor uns steht in unserem Genom geschrieben. Unsere Gene machen uns. Der Vektor macht das Universum, das Leben und uns.

Der Vektor und unser Raumzeit sind eine untrennbare Einheit, ebenso wie die Menschen und deren Gene untrennbar sind.

Das Universum entwickelt sich strikt nach einem Modell, welches im Vektor geschrieben steht. Die Menschen entwickeln sich strikt nach einem Plan, der in deren Genom geschrieben steht.

Der Vektor ist eine sehr komplexe Struktur, und manchmal kommt es uns so vor, als sei er ein lebendiges Wesen, denn er hat Merkmale eines intelligenten Wesens: er schafft, organisiert und kontrolliert alles in unserem Universum.

Die Vektor-Hypothese kann die Illusion eines intelligenten Designs erwecken. Unsere Gene machen uns, aber sind sie intelligent? Sie können eine solch anspruchsvolle Sache machen, wie einen menschlichen

Körper. Die moderne Wissenschaft, welche von den intelligentesten Individuen der menschlichen Rasse vertreten wird, ist noch immer nicht in der Lage, im Labor ein lebendes Wesen herzustellen.

Der Vektor enthält die Information über die zukünftige Entwicklung der Arten in unserem Universum, die während früherer Evolutionszyklen gespeichert wurde. Schöpfung und natürliche Selektion gehen Hand in Hand. Unsere onthologische und biologische Zukunft ist die Vergangenheit früherer Evolutionen.

Modelle für die zukünftige Entwicklung gibt es unzählige, der Vektor wählt aber nur eines aus, und das wird dann zu unserer Realität. Es gibt strikte Regeln: die natürlichen Gesetze sollen nicht beeinträchtigt werden (nur manchmal). Die Nähe zum gespeicherten Modell aus früheren Evolutionen soll bewahrt werden. Der Vektor soll konservativ sein, aber schneller und besser als vorher usw.

Nicht alles ist in Stein gemeißelt. Ständig gibt es kleine Abweichungen und Fehler im Laufe der Zeit, welche die Entwicklung begünstigen sollen.

Der Vektor führt das Universum durch alle Phasen seines natürlichen Lebens, von der Geburt bis zum Tod. Die Entropie des sich entfaltenden Universums wächst. Das bedeutet, dass weniger Energie für die Umwandlung in Arbeit zur Verfügung steht, dass „der Treibstoff ausgeht". Es ist ein irreversibler Mechanismus, unsere Welt hat begrenzte Ressourcen und eine begrenzte Lebensdauer. Wenn der

14 Das verborgene Alpha

normale Lebenszyklus des Universums zu Ende ist, wandelt es sich wieder in Energie um.

Laut Edward Tryon vom Hunter College, sind die Universen etwas, „das von Zeit zu Zeit passiert", aufgrund der Quanten-Fluktuationen in dem falschen Vakuum.

Wenn ein Lebenszyklus vorüber ist und ein neuer beginnt, muss sich das angebliche Endprodukt des Universums, ein Überwesen, eine große Anzahl von Super-Zivilisationen oder irgendetwas anderes, in ein anderes Universum begeben, um zu überleben. Das Aufnahme-Universum sollte unterschiedliche Naturgesetze haben, die für solch hoch entwickelte Wesen besser geeignet sind.

Die Weltraum-Rassen werden den Vektor suchen, weil er das größte aller Geheimnisse, sowie die Weisheit der Existenz, der Vergangenheit und der Zukunft unseres Universums in sich trägt, und weil er den Schlüssel zu dessen Überleben besitzt. Das Universum rückt nämlich seinem Wärmetod immer näher.

Die zentrale Frage ist hier: warum nehmen sie, die obersten Mega-Intelligenzen aus früheren evolutionären Zyklen unseres Universums, aus anderen Universen, von den angeblichen anderen Dimensionen oder von wo auch immer sie leben, keinen offiziellen Kontakt mit uns auf? Warum reichen sie uns keine helfende Hand, und retten damit Milliarden Menschenleben vor Krankheiten, Verbrechen, Kriegen und Katastrophen, seien sie vom Menschen verursacht oder natürlich? Sie haben ihre guten Gründe dafür, nicht das zu tun, was wir von ihnen erwarten, und das werde ich in diesem Buch zu erklären versuchen.

Die Universen sind wie der legendäre Phönix, der 500 Jahre lebt, sich selbst auf dem Scheiterhaufen verbrennt und lebend aus der Asche steigt, um eine weitere Periode zu leben. Mit jedem neuen Lebenszyklus werden die sich entfaltenden Universen immer raffinierter und produzieren noch weiter entwickelten Nachwuchs.

Das neue Paradigma könnte eine rationale Grundlage für die Interpretation einiger umstrittener Phänomene an der Grenze zur modernen Wissenschaft schaffen: Präkognition (Wissen über zukünftige Ereignisse, vor allem durch übersinnliche Mittel), Telepathie, UFOs, Levitation, Teleportation, Wunder, unmöglich Zufälle, Telekinese, Heilung durch Schamanen usw. All dies sind Offenbarungen einer natürlichen, vererbbaren Struktur aus vielen vergangenen Universen, was von mir als „der Vektor" bezeichnet wird.

Das neue Paradigma macht auch deutlicher, warum die menschliche Geschichte und das Leben vieler Menschen oft aussehen wie „...ein Märchen, erzählt von einem Narren, voller Klang und Wut, das nichts bedeutet." William Shakespeare, *Macbeth*.

Viele Wege führen zum Vektor.

Nun, beginnen wir die Suche nach dem verborgenen Alpha, welches über alles Leben auf der Erde herrscht, über die gesamte Materie und alle Lebensformen in diesem Universum. Wenn Sie denken, Sie haben die Kontrolle über

16 Das verborgene Alpha

Ihr Leben, dann lesen Sie dieses Buch und denken noch einmal darüber nach.

> *Mit viel Weisheit kommt viel Leid,*
> *Je mehr Wissen, desto mehr Kummer.*
> —*Ecclesiastes*, circa 350 v. Chr.

Sie wurden gewarnt. Sind Sie bereit für eine kleine Quest?

Shrek: *Bist Du bereit für eine kleine Quest, Esel?*

Esel: *Sowas höre ich gerne. Shrek und Esel gehen auf Abenteuer. Nichts kann uns stoppen. Einfach toll. Wieder unterwegs!*

1. KAPITEL

DIE HYPOTHESE DER GLEICHZEITIGEN ENTSTEHUNG

Könnten vor 65 Millionen Jahren Dinosaurier auf dem Mond gelandet sein, wenn sie nicht vorher ausgelöscht worden wären?

Ian Crawford, Astronom an der Fakultät für Physik und Astronomie des University College London, behauptet in seinem Artikel *Wo Sind Sie? Vielleicht sind wir doch allein in der Galaxie*, veröffentlicht im *Scientific American*, im Juli 2000, dass ohne deren Auslöschung, das Ergebnis eines zufälligen Ereignisses, die Evolutionsgeschichte auf der Erde, eine ganz andere gewesen wäre. Viele Wissenschaftler glauben, dass, wenn sich die Dinosaurier weiterentwickelt hätten, hätten deren Gehirne wahrscheinlich menschliche Größe erreicht und sie würden dann eine Zivilisation gründen.

DINOSAURIER AUF DEM MOND

Das ist ein kleiner Schritt für einen Dinosaurier, aber ein großer Sprung für die Dinosauria.
-Vorbereitete Bemerkung zum gescheiterten Mond-Programm

18 Das verborgene Alpha

Dr. Dale Russell vom National Museum of Natural Sciences in Ottawa, Kanada, prägte das Wort Dinosauroid, ein intelligentes Wesen, das sich von den Dinosauriern weiter entwickelt hat. Er behauptet, dass einige Dinosaurier alle Zutaten für den Erfolg hätten, den wir später in der Entwicklung der Menschenaffen sehen und, dass sie auf dem Weg waren eine intelligente Spezies zu werden.

Dr. Russell und Ron Séguin, ein Taxidermist (ein Tierpräparator, der die Felle von Tieren für deren Ausstellung ausstopft und präpariert) und ein Modellbauer, bauten sogar ein niedliches Modell des vermeintlich intelligenten Dinosauroiden. Es zeigt, was sich hätte ereignen können, wenn Troodon, eine der Dinosaurier-Arten, am Ende der Kreidezeit nicht ausgestorben wäre, sondern sich stattdessen weiter entwickelt hätte.

Dr. Russell hatte berechnet, dass der Enzephalisationsquotient des Troodon klein war, im Vergleich zum *Homo sapiens*, dass er aber fast sechsmal größer war als die für Dinosaurier bekannten Durchschnittswerte. Die meisten Dinosaurier hatten Enzephalisationsquotienten, die denen der modernen Reptilien ähnlich waren. Das Verhältnis des Gehirngewichts zum Körpergewicht (auch als Enzephalisationsquotient bekannt) ist eine grobe Schätzung der etwaigen Intelligenz eines Organismus.

Dr. Dale Russell extrapolierte, dass, wenn der Troodon die Kreidezeit vor 65 Millionen Jahren überlebt hätte und die gleiche Körpergröße beibehalten hätte, ihre heutigen Nachkommen vielleicht ein Hirnvolumen von 1100 Kubikzentimetern haben könnten, was sich sehr an das Volumen des weiblichen menschlichen Gehirns annähert. Das Volumen des erwachsenen menschlichen Gehirns beträgt ca. 1130 Kubikzentimeter bei Frauen und 1260 Kubikzentimeter bei Männern.

Einige Dinosaurier-Arten waren sehr menschenähnlich: sie standen mit einer Körpergröße von ca. zwei Metern auf ihren beiden Hinterbeinen, hatte eine relativ große Hirnschale, stereoskopisches Sehen und Hände mit gegenüberstellbaren Daumen: ihre Vorderbeine mit drei schlanken flexiblen Fingern waren bereit für den Einsatz als Hände. Sie waren gut organisiert, jagten in Gruppen, und koordinierten ihre Angriffe. Einige Dinosaurier waren fast Warmblüter, ein wichtiger Schritt in Richtung Intelligenz.

Es wird oft spekuliert, dass sich mehrere zweibeinige Dinosaurier in einer guten Position befanden, um Intelligenz, Zivilisation und anspruchsvolle Technologien entwickeln zu können, was ihnen 65 Millionen Jahre vor uns ermöglicht hätte, die Galaxien zu erkunden, wenn sie nicht durch eine Naturkatastrophe getötet worden wären. Es wird auch angenommen, dass dinosaurierähnliche Kreaturen auf anderen Planeten nicht durch ein zufälliges Ereignis ausgelöscht worden sind und, dass sie schon seit mehreren Millionen Jahren auf der gesamten Galaxie unterwegs sind und diese bereits besiedeln.

Dr. Ronald Breslow der Fakultät für Chemie, an der Columbia University, veröffentlichte seinen Artikel *Nachweis für die mögliche Herkunft der Homochiralität in*

20 Das verborgene Alpha

Aminosäuren, Zuckern und Nukleosiden auf der präbiotischen Erde im *Journal of the American Chemical Society* und behauptet, dass intelligente Dinosaurier auch andere Planeten regieren könnten.

Die Aminosäuren, Zucker, DNA und RNA existieren in einer von zwei möglichen Ausrichtungen, linkshändig oder rechtshändig, was als „Chiralität" bezeichnet wird. Es wird auch Händigkeit genannt. Dieses Merkmal einer Struktur (üblicherweise ein Molekül) macht es unmöglich, sie auf ihrem Spiegelbild zu überlagern. Ein Gegenstand oder ein System ist chiral, wenn es nicht identisch ist zu seinem Spiegelbild, das heißt, es kann nicht auf dieses überlagert werden.

Dieser Symmetrieunterschied wird deutlich, wenn jemand die rechte Hand eines anderen Menschen mit seiner linken Hand schüttelt, oder wenn ein rechter Handschuh auf eine linke Hand gelegt wird.

Damit Leben möglich ist, dürfen Proteine nur eine chirale Form von Aminosäuren enthalten, die rechte oder die linke. Alles Leben auf unserem Planeten ist linkshändig, dabei machen nur wenige Bakterien eine Ausnahme.

Dr. Ronald Breslow spekuliert, dass das Leben auf anderen Planeten sich mit einer anderen Chiralität als auf der Erde entwickeln könnte.

„Solche Lebensformen könnten auch erweiterte Versionen von Dinosauriern sein, sollten die Säugetiere nicht das Glück haben, dass die Dinosaurier vorher durch eine Kollision von Asteroiden ausgelöscht wurden, wie es auf der

Erde geschehen war. Wir wären besser dran, ihnen nicht zu begegnen."

Es ist interessant festzustellen, dass einige Dinosaurier eine verblüffende Ähnlichkeit haben mit den Beschreibungen über Außerirdische, die von Zeugen während UFO-Begegnungen abgegeben wurden: sie hatten große, längliche Augen, keine Ohren, lange, klauenartige Finger, sowie reptilienartige Nasen und Haut. Die „Reptoiden" sind die häufigste ausserirdische Spezies nach den sogenannten Grays. Es gibt Forscher, die davon ausgehen, dass die reptilischen/dinosaurischen Besucher aus dem Weltraum keinen außerirdischen Ursprungs haben, sondern überlebende Nachkommen einer intelligenten Rasse der Dinosaurier sind, welche die Erde während der Kreide- oder Jurazeit durchstreiften. Entsprechend diesem Glauben könnte die hypothetische Dinosaurier-Zivilisation auf der Erde während der Kreidezeit begonnen haben und hätte gegenüber dem Menschen einen Vorsprung von mindestens 65 Millionen Jahren zu verzeichnen.

Dr. Michael Magee prägte den Begriff Anthroposaurus sapiensis für intelligente Dinosaurier. Sie werden auch bezeichnet als Dino-Menschen, Dinosapien, Reptilienmenschen, Saurornithoide, Eidechsenmenschen, Reptoiden, Bioraptoren, Avisapiens, Anthroposaurus sapiens, humanoide Dinosaurier, Saurier, Troodon sapiens, Dinosauropoden, Reptil-Humanoide, kluge Dinosaurier, Reptiten, Dinosaurier-Hominiden, Dracc, kluge Saurier, Dinosaurier Menschen, und so weiter.

22 Das verborgene Alpha

In den letzten Jahren hat sich die Idee, dass ohne das Aussterben der Dinosaurier, die Lebensgeschichte auf der Erde eine ganz andere gewesen wäre, zu einem sehr populären Glauben entwickelt. Aber verfügten die Dinosaurier über all die Attribute, die für die Intelligenz der intelligenten Säugetiere für erforderlich erachtet werden? Wäre es wirklich möglich gewesen, dass Dinosaurier die Säugetiere übervorteilt hätten, unseren Planeten dominiert, und 65 Millionen Jahre vor uns die Galaxie kolonisiert hätten? Die Antwort ist ja, im Einklang mit vielen neueren Artikeln und Büchern von akademischen Wissenschaftlern, unabhängigen Forschern und Laien! Einige von ihnen behaupten sogar, dass wir auf dem Mond nach Dinosaurier-Fossilien und technologischen Artefakte suchen sollten.

Aber es gibt ein sehr großes Problem in Bezug auf eine angebliche Dinosaurier-Zivilisation am Ende der Kreidezeit: die Methode der Fortpflanzung.

Aufgrund der umfangreichen Fossilien von Eiern, Eierschalen und Embryonen der ausgestorbenen Dinosaurier, ist es eine gesicherte Tatsache, dass Dinosaurier Eier legten, und, wie die meisten lebenden Reptilien und Vögel, Nester bauten. Die Nester wurden in Böden und in nassem Sand ausgegraben. Um stabile Temperaturen und erhöhte Luftfeuchtigkeit zu schaffen, wurden die Eier mit Sand, Erde oder verrottender Vegetation bedeckt, wobei Gärungswärme erzeugt wurde. Viele Dinosaurier waren einfach zu groß, um auf ihren Eiern zu sitzen.

Das typische Fortpflanzungsmodell der Reptilien ist ovipar, das heißt die Eier werden außerhalb des mütterlichen Körpers ausgebrütet.

Die wichtigsten Nachteile der Fortpflanzung von Dinosauriern gegenüber Säugetieren sind:

1. Die Nährstoffe im Ei sind sehr begrenzt im Vergleich zur kontinuierlichen Versorgung, welche die Säugetiere im Mutterleib erhalten.

2. Die Sauerstoffversorgung ist auch viel niedriger.

3. Die Temperatur des Reptilien-Embryos ist abhängig von der Umgebung, während die Körperwärme beim Säugetierfötus konstant ist.

4. Die neugeborenen Dinosaurier bekommen nicht die äußerst nährstoffreiche Nahrung der Säuger, die Milch.

Es gibt eine kleine Gruppe von modernen und ausgestorbenen Reptilien, die fast vivipar (lebendgebärend) sind, aber ihre Embryonen entwickeln sich noch immer in einer Schale. Sie ernähren sich nur von dem Eigelb. Solche Reptilien tragen während eines Großteils der Entwicklungsphase die Eier im Körper. Das Schlüpfen erfolgt kurz nachdem die Eier gelegt worden sind.

Einige MODERNE Reptilien haben eine einfache Plazenta, die der der Säugetieren ähnelt, entwickelt: das ist der Fall bei mehreren australischen Schlangen und Eidechsen, der europäischen Kreuzotter, und einigen Eidechsen.

Die Entwicklung eines anspruchsvollen Gehirns benötigt mehr Sauerstoff, mehr Nährstoffe, konstante Temperatur und mehr Zeit.

24 Das verborgene Alpha

Der Säugetierfötus entwickelt sich innerhalb des mütterlichen Körpers und kann die kontinuierliche, großzügige Versorgung mit Sauerstoff und Nährstoffen beziehen, die für den Aufbau eines komplexen Gehirns erforderlich ist. Die Milch von Säugetieren enthält alle lebenswichtigen Nährstoffe, wichtige Antikörper und weiße Blutkörperchen. Dies ist ideal für Säuglinge und für das energiehungrige, sich entwickelnde Gehirn.

Säugetiere werden in einem wesentlich weiter fortgeschrittenen Entwicklungstand geboren als Reptilien, was zusammen mit den anderen Faktoren auch das Ergebnis einer längeren Tragezeit ist.

Eier schlüpfen zwischen 60 und 105 Tagen, nachdem sie gelegt worden sind. Der menschliche Fötus benötigt für seine Entwicklung etwa 266 bis 270 Tage. Das Gehirn von Säugetieren entwickelt sich drei bis viereinhalb Mal länger in einer viel besseren inneren Umgebung als das Gehirn der Dinosaurier, und die Föten und Neugeborenen der Säugetiere erhalten nährstoffreiche Nahrung für das Wachstum und die Entfaltung ihrer Gehirne.

Ein weiterer Nachteil der Dinosaurier ist deren miserables Verhältnis zwischen Hirn-und Körpergewicht, auch unter dem Begriff Enzephalisationsquotient bekannt. Das Gehirn des *Homo sapiens* ist von enormer Größe im Vergleich zu dessen Körper. Je größer das Gehirn im Verhältnis zum Körper des Tieres ist, desto mehr Gehirn könnte für komplexere kognitive Aufgaben zur Verfügung stehen.

Der Enzephalisationsquotient ist höchst umstritten - und das hat einen guten Grund.

Das einfache Verhältnis von Körpergewicht zu Hirngewicht ist sehr irreführend. Beim Menschen und bei der Maus sind die Verhältnisse fast identisch. Bei kleinen Vögeln ist er sogar viel größer als beim Menschen. Sind Vögel intelligenter als Menschen?!

Viele kleine Säugetiere und Vögel haben im Vergleich zum Menschen ein größeres Gehirn im Verhältnis zu ihrer Körpergröße.

Das Gewicht des Gehirns wächst bei den Wirbeltieren nicht linear zu deren Körpergewicht, sondern exponentiell. Um die Widersprüchlichkeiten des einfachen Quotientenverfahrens zu beheben, fügen die Wissenschaftler eine empirisch ermittelte exponentielle Konstante hinzu.

Wenn wir einen weiteren Faktor berücksichtigen, nämlich die Fortpflanzung der Tiere (lebendgebärend oder eierlegend), macht der Enzephalizationsquotient viel mehr Sinn. Um es einfach auszudrücken, sind aus Eiern geschlüpfte Tiere demnach dümmer als lebend geborene Tiere.

Eierlegende Tiere sind Vögel, Reptilien (Schlangen, Eidechsen, Schildkröten, und Krokodile), Amphibien, Fische, Arthropoden (Krebstiere, Insekten, Spinnen, und Skorpione), und überraschenderweise, fünf Arten der primitivsten Säugetiere: vier Echidna-Arten und Platypus.

Es gibt keine Gescheiten auf der Liste der eierlegenden Tiere.

26 Das verborgene Alpha

Selbst die warmblütigen Nachkommen der Dinosaurier, die Vögel, sind dafür berühmt sehr dumm zu sein. Spatzenhirn ist ein Synonym für dummes Zeug.

Warmblütigkeit hilft nicht viel um intelligent zu sein, wenn etwas aus einem Ei schlüpft.

Kurz gesagt, steht das Gehirn der lebend gebärenden Säugetiere höher auf der evolutionären Leiter und ist weitaus komplexer als das Gehirn von Tieren, die sich durch das Schlüpfen aus Eiern fortpflanzen. Die Dinosaurier legten Eier, und ihre Gehirne konnten sich nicht ausreichend entwickeln, um Säugetiere zu übervorteilen. Daher war es den Dinousauriern in der Kreidezeit nicht möglich, auf dem Mond zu landen.

Aber tatsächlich entwickelten einige Reptilien Intelligenz, eine große Zivilisation, und jetzt untersuchen sie das Sonnensystem über Roboter-Sonden und bemannte Raumfahrzeuge, und selbst auf dem Mond sind deren Artefakte. Therapsiden sind Reptilien des Perm-und Triaszeitalters (vor 286 bis 208 Millionen Jahren). Sie werden als die Vorfahren der Säugetiere angesehen und damit der Menschen. So sind wir die überlebenden „Reptoid-Menschen", die vorhaben die Galaxie zu kolonisieren.

Die Säugetiere aus der Kreidezeit waren evolutionär höher entwickelte Arten als die Dinosaurier und deren Nachfolger. Sie hatten ein viel größeres Potential und das Leben auf der Erde bezeugte das.

Es gibt derzeit über 500 beschriebene Dinosaurierarten und deren Zahl nimmt weiter zu. Selbst wenn mehr Dinosaurier-Arten das Aussterben an der Wende von der Kreidezeit zum Tertiär überlebt hätten, würde dies für den Menschen keinen großen Unterschied machen. Die meisten Dinosaurier waren bereits vor 65 Millionen Jahren rückläufig, während (Proto-) Primaten bereits bis zum Ende der Kreidezeit Fuß gefasst haben. Es blieb nur eine begrenzte Anzahl von Dinosaurier-Arten übrig, und diese waren viel kleiner. Die überlebenden Dinosaurier entwickelten sich zu modernen Vögeln. Die Wissenschaftler sind sich darüber einig, dass die derzeitigen Vögel wesentlich intelligenter sind als die Dinosaurier der Kreidezeit.

DAS FERMI-PARADOXON

Angesichts der Fortpflanzung der Dinosaurier erscheint die Idee von Dinosauriern als Astronauten, die in der Kreidezeit, von der Erde aus die Galaxie kolonisieren, völlig fiktiv. Könnten ähnliche Arten, die sich auf anderen Planeten vor hunderten Millionen von Jahren entwickelt und große Zivilisationen gegründet hatten, in die Tiefen des Weltraums reisen? Wenn ja, warum können wir dann nicht deren Aktivität beobachten? Warum nehmen sie keinen Kontakt zu uns auf? Warum besuchen sie die Erde nicht? Hier stolpern wir über das Fermi-Paradoxon (auch Fermi-Prinzip genannt): Dies ist der scheinbare Widerspruch zwischen der bemerkenswerten Gleichförmigkeit des Universums (wobei die Aufrechterhaltung einer großen

28 Das verborgene Alpha

Anzahl von hoch entwickelten Zivilisationen vermutet wird, welche über Millionen von Jahren florieren sollten) und der offensichtlichen Abwesenheit von außerirdischen intelligenten Wesen.

Enrico Fermi war ein wichtiger Akteur bei dem Manhattan-Projekt zur Herstellung der ersten Atombombe. Fermi, Szilard und Wigner verfassten einen Brief, der von Albert Einstein unterzeichnet und an Franklin Roosevelt ausgehändigt wurde. Sie alarmierten den US-Präsidenten über die Möglichkeit, dass Hitlers Wissenschaftler eine Atombombe entwickeln könnte.

Ein Team von Wissenschaftlern um Enrico Fermi, Edward Teller und J. Robert Oppenheimer entwickelten einen nuklearen Sprengkörper, und im Jahr 1945, wurde südlich von Albuquerque, New Mexico, die erste Atombombe erfolgreich getestet. Das nukleare Zeitalter hatte begonnen.

Nach dem Zweiten Weltkrieg fiel der „Eiserne Vorhang" über Europa. Der Kalte Krieg und der Wettlauf um Atomwaffen hatten begonnen.

Im August 1949 ließ die Sowjetunion ihre erste Atombombe explodieren. Die sowjetischen Wissenschaftler gehörten vor dem Krieg zu den Spitzenforschern in der Kernphysik und jetzt war es nur eine Frage der Zeit, die Wasserstoffbombe zu bauen, die voraussichtlich tausendmal destruktiver sein würde als die Atombombe.

Die A-Bombe mit dem Spitznamen „Little Boy", fiel auf Hiroshima und tötete sofort zwischen 70.000 und

80.000 Menschen, mehr als 70.000 weitere wurden verletzt. Die Bevölkerung der Stadt wurde zu dieser Zeit wurde auf 350.000 geschätzt, davon starben 140.000 bis zum Ende des Jahres. Die „Little Boy" verursachte den Tod von rund 240.000 Einwohnern von Hiroshima aufgrund der Schockwelle, Strahlenbelastung, Feuer usw.

Die Sowjetunion verfügte bereits über Atombomben und war im Begriff eine Wasserstoffbombe herzustellen.

Aber könnten Raketen Atomwaffen über Kontinente hinweg befördern? Die sowjetischen Wissenschaftler entwickelten trotz der durch den Krieg aufgezwungen Probleme die verheerende, als Katiuscha bekannte, 130-Millimeter-Rakete und produzierten sie in großer Anzahl. Zwischen 16 und 48 Raketen wurden von einer auf Lastwagen montierten Trägerrakete abgefeuert.

Zu dieser Zeit gab es, unter riesigen Erfolgen im Raketenantrieb, die deutsche V-2-Flüssigkeitsrakete und das erste betriebsbereite Raketenflugzeug mit flüssigem Brennstoff, der Messerschmitt Me 163 Komet-Jäger. V-2-Raketen wurden erfolgreich gegen England abgefeuert. Sie bewegten sich in Richtung des Ziels schneller als die Schallgeschwindigkeit, und ihr kreischender Sinkflug war erst nach der Explosion zu hören.

Nach dem Krieg nahmen die Vereinigten Staaten und die Sowjetunion viele V-2-Raketen in Beschlag und benutzten sie in der Forschung und Entwicklung ihrer interkontinentalen ballistischen Raketen, die in der Lage sind, Atomwaffen auf Entfernungen von Tausenden von

Meilen zu befördern. Sie könnten die halbe Welt in wenigen Minuten erreichen.

Mit diesen neuen Technologien war die Erforschung des Weltraums bereits machbar und unmittelbar bevorstehend. Am 4. Oktober 1957 startete die Sowjetunion den weltweit ersten künstlichen Satelliten, Sputnik 1. Das Weltraumzeitalter hatte begonnen.

Die Entwicklung von Raketen nahm zu - angetrieben von zwei Supermächten: den Vereinigten Staaten und der Sowjetunion.

Im Sommer 1947 ereignete sich in New Mexico ein berühmter Vorfall, der so genannte Roswell-Crash. Ungewöhnliche Trümmer eines abgestürzten Objekts, angeblich ein außerirdisches Raumschiff, wurden auf einer Farm gefunden.

Die Presse machte ein großes Aufheben. Die Vorstellungskraft der Öffentlichkeit war aufgrund von Science-Fiction-Schundzeitschriften schon bereit für extraterrestrische Raumschiffe, einige von ihnen hatten sehr große Druckauflagen für die Zeit. Auf den Seiten von zahlreichen Artikeln, kämpften alle Arten von Weltraum-Zivilisationen. Die fiktiven außerirdischen Eindringlinge haben nie aufgehört zu versuchen, die Erde zu zerstören oder sie zumindest zu erobern. Das war die goldene Ära der Science-Fiction-Großmeister: Hugo Gernsback, John Campbell, Edgar Rice Burroughs, Isaac Asimov, Edmond Hamilton, Robert Heinlein, Arthur Clark, Van Vogt...

Auch viele gewöhnliche Leute glaubten an Außerirdische. Im Jahr 1938 kündigte ein Hörspiel, das auf einer Version des Science-Fiction-Romans *Krieg der Welten* von H.G. Wells basierte, einen Angriff auf New Jersey von feindlichen Mars Invasoren an. Tausende Menschen in New York und New Jersey waren in Panik - nicht ahnend, dass es sich um ein Hörspiel handelte und, daß die Ankündigungen nur eine Simulation waren - flohen aus ihren Häusern und verursachten Verkehrsstaus, um den drohenden Gas-Angriff der Marsmenschen zu entgehen. Augenzeugen behaupteten, sie könnten Giftgas riechen und schrecklichen Lichtblitze sehen. Dutzende von ihnen wurden wegen Schock, Hysterie und Verletzungen ins Krankenhaus geschickt.

Die US-Behörden waren sehr besorgt über den Roswell-Absturz und die vielen Berichte über fliegenden Untertassen. Was waren sie: Handelte es sich um sowjetische Flugzeuge neuer Generation, die in der Nähe der amerikanischen nuklearen Geheimnisse herumspionierten, um entkommene Nazis mit ihren geheimen fliegenden Untertassen auf der Suche nach Rache, oder etwa um außerirdische Raumschiffe?

Es gab Gerüchte, dass deutsche Wissenschaftler an geheimen Wunderwaffen und scheibenförmigen Flugzeugen gearbeitet hätten. Bis zum Ende des Zweiten Weltkriegs hatten deutsche Wissenschaftler leistungsfähige und zuverlässige Raketentriebwerke für Flugzeuge sowie ferngesteuerte Raketen erstellt. Mehr als 1.100 V-2-Raketen wurden erfolgreich gegen England abgefeuert. Aber wer

32 Das verborgene Alpha

hatte diese seltsamen Flugzeuge, die wie riesige fliegende Untertassen aussahen, in so großer Anzahl produziert?

Die amerikanische Regierung und die militärischen Behörden mussten eine Erklärung für die große Anzahl der Sichtungen von unidentifizierten Flugkörpern finden. Sie mussten eine Entscheidung treffen: Erstens könnten diese Objekte eine Bedrohung für die Sicherheit darstellen, und zweitens, falls es sich um moderne außerirdische Technologie handelte, ging es darum, sich diese noch vor den Sowjets zu Nutze zu machen!

Im Jahr 1950 genehmigte Präsident Truman das Projekt für eine thermonukleare Bombe. Eine Gruppe von Physikern, die meisten von ihnen waren Veteranen des Manhattan-Projekts, versammelten sich wieder in Los Alamos, New Mexico.

Während der Mahlzeiten dachte Enrico Fermi gerne über wissenschaftliche Fragen nach. Über den Roswell-Crash und die gesichteten fliegenden Untertassen wurde ebenfalls diskutiert.

Es wird erzählt, dass Fermi sein berühmtes Paradoxon im Sommer 1950 formulierte, während eines Gesprächs am Mittagstisch mit Edward Teller, Emil Konopinski, Herbert York, und anderen Gefährten.

Später erinnert sich Edward Teller, Mitwirkender bei der Produktion der ersten Atombombe und anschließend berühmt als der „Vater der Wasserstoffbombe", dass das Gespräch nur sehr vage in Verbindung zu der Raumfahrt stand. Einem weiteren Gefährten zufolge, diskutierten sie über einige UFO-Berichte und eine Karikatur aus *The New Yorker*, die zeigte, wie Außerirdische mit ihren fliegenden Untertassen städtischen Mülltonnen stahlen.

Nach dem Mittagessen wurde das Gespräch fortgesetzt. Teller erinnert daran, dass die Diskussion nichts mit Astronomie oder außerirdischen Wesen zu tun hatte, sondern dass es sich um ein rein sachliches Thema handelte. Mitten im Gespräch fragte Fermi ganz unerwartet: „Wo sind sie alle?" Das Ergebnis seiner Frage war allgemeines Gelächter, aber jeder um den Tisch herum schien zu verstehen, dass er über außerirdische Menschen redete.

Beim Nachdenken über die Alien-Hypothese, argumentierte Enrico Fermi, einer der wichtigsten Architekten des Atomzeitalters und ein sehr gut ausgebildeter Wissenschaftler (Nobelpreisträger), dass alle technologischen Zivilisationen Kernreaktionen entdecken werden. Mit Raketen, welche auf dieser relativ einfachen Technologie basieren, könnten sie dann über interstellare Entfernungen bei 10 Prozent der Lichtgeschwindigkeit herumreisen, und so könnten diese Weltraum-Zivilisationen theoretisch unsere Galaxie kolonisieren. Wenn es also Außerirdische gibt, warum sind sie dann nicht auf die Erde gekommen? „Wo sind sie?"

Enrico Fermi war der erste, der die Vorstellung formulierte, dass, wenn es viel ältere Zivilisationen in unserem Universum gäbe, dann sollten sich diese auch bereits auf unserem Planeten befinden.

34 Das verborgene Alpha

Es könnte viele Milliarden von jüngeren Zivilisationen geben, oder etwa solche, die sich auf dem gleichen evolutionären und technologischen Niveau befinden wie die Menschen, die aber immer noch nicht in der Lage sind, zwischen den Sternen herumzureisen, und die gerade eben den Funk entdeckt haben, oder dies erst vor wenigen hundert Jahren getan haben.

Diese jungen Weltraum-Rassen sind noch nicht in der Lage, die Erde zu besuchen.

2. KAPITEL

HUNDERT HYPOTHESEN DES FERMI-PARADOXON

Ich habe gelernt, mich des Wortes „unmöglich" nur mit äußerster Vorsicht zu bedienen.
—Wernher von Braun

Hier ist eine Liste der beliebtesten Vorstellungen zur Erklärung des Fermi-Paradoxon. Mindestens ein Teil davon is reiner Unsinn. Aber wir sollten bei der Beurteilung dieser Aussagen sehr vorsichtig sein, weil Hypothesen, die uns jetzt allzu verrückt oder Science Fiction-mäßig erscheinen, sich bewahrheiten könnten.

1. Intelligente Spezies verfügen über eine sehr kurze Lebensdauer, weil sie selbst vernichtende Technologien entwickeln und sich zwangsläufig selbst umbringen. Die möglichen Mittel zur Vernichtung basieren vor allem auf den Entdeckungen der Wissenschaft. Mit der heutigen Technologie können sich die Menschen in einem Atomkrieg selbst vernichten. Morgen könnten sie auch hoch entwickelte militärische Roboter verwenden, Antimateriebomben, Nanotechnologie, selbstreplizierende Maschinen, bzw. biologische Waffen, die in der Lage sind, fast alle Menschen zu vernichten, sowie andere neuartige verheerende

Technologien. Die Liste der Massenvernichtungswaffen wird im Laufe der Zeit länger werden.

High-Tech-Terrorismus könnte ebenfalls den hoch entwickelten Zivilisationen ein Ende setzen.

Eine nanotechnologische Katastrophe, außer Kontrolle geratene selbstreplizierende Geräte, industrielle Unfälle, physikalische Experimente, ein zufälliger Virenbefall usw. könnte ebenfalls eine Zivilisation vernichten.

Sir Martin Rees, ein Britischer Astronom, schätzt in seinem Buch *Unsere letzte Stunde*, dass die Wahrscheinlichkeit der Auslöschung der Menschheit vor dem Jahr 2100 bei ungefähr 50 Prozent liegt.

Mike Treder, Vorstandsmitglied des Center for Responsible Nanotechnology sagt: „Vielleicht ist der am meisten störende Aspekt des Fermi-Paradoxon, was es für die Zukunft unserer menschlichen Zivilisation andeutet. Nämlich, dass wir jenseits unserer irdischen Beschränkung keine Zukunft haben, und womöglich, vom Aussterben bedroht sind."

Dieses „Doomsday Argument" erfordert nicht, dass sich eine Weltraum-Zivilisation vollkommen selbst vernichtet, sondern nur, dass deren evolutionäres Potenzial spürbar eingeschränkt wird, damit sie wieder untechnologisch wird, oder eine schwer beschädigte Ökosphäre bewohnt, so dass ihre Entwicklung verhindert wird.

Die Selbstzerstörung der Zivilisationen ist nicht auf Planeten beschränkt. Auch wenn ein zerstörerisches Ereignis sich auf einem bestimmten Planeten zugetragen hat, könnte es zu einem Problem von galaktischem Ausmaß werden.

Abermillionen selbstreproduzierende Maschinen von Zivilisationen, die vor langer Zeit untergegangen sind, könnten auf ihren Reisen Materie und Leben ergattern, um Kopien von sich selbst zu machen, so dass deren Anzahl exponentiell zunehmen und sie sich schnell in der ganzen Galaxie verbreiten würden - und zwangsläufig der Erde immer näher kommen würden.

2. Menschen gehören zu den wenigen intelligenten Zivilisationen in unserem Universum. Die Seltene-Erde-Hypothese besagt, dass die Erde einzigartig ist, und dass komplexes Leben im Universum ungewöhnlich ist. Wir sind die einzige Zivilisation in unserer Galaxie. Die anderen Galaxien sind zu weit entfernt, um den wenigen Intelligenzen im Universum die Kommunikation oder gegenseitige Besuche zu ermöglichen.

3. Wir sind Arten, die in irgendeiner Art von einem natürlichen kosmischen Zoo, Reservat, oder Heiligtum beschützt werden. Die Erde wird absichtlich von einigen Hütern der Weltraum-Intelligenz isoliert, weil kluges Leben selten und zerbrechlich ist. Und wohlwollende, hoch entwickelte Aliens schaffen sichere Gebiete in der Galaxie, in denen intelligentes Leben einer niedrigeren Entwicklungsstufe sich ungestört und unter deren Kontrolle weiter entwickeln kann. Das Zusammentreffen von weniger

entwickelten Rassen wie der unseren mit High-Tech-Super-Zivilisationen könnte für sie tödlich sein.

4. Menschen leben in einem künstlichen Planetarium oder in einer kosmischen Kinderstube. Das Universum, das wir jenseits des Sonnensystems beobachten, ist nur eine Simulation. Das Sonnensystem ist echt, auch wenn es künstlich ist, die Außenwelt ist ebenfalls echt, aber die Simulation ist wie ein Vorhang, der die wahre Natur der realen Welt versteckt. Menschen sind das Eigentum einer höher entwickelten Kreatur oder einer Gruppe von Kreaturen, welche uns zu ihrem eigenen Nutzen, zum Spaß oder zum Vergnügen aufziehen.

5. Wir beherbergen eine Art virtueller Simulation. Nichts ist wirklich. Vergangenheit und Gegenwart sind ebenfalls eine Fälschung. Wir haben nicht die geringste Ahnung, was es außerhalb unserer kleinen, simulierten Welt gibt. Was sind wir? Nur ein Teil eines Computer-Videospiels, eines wissenschaftlichen Experiments? Oder werden wir als Testobjekte für politische Kampagnen oder Werbekampagnen verwendet, wie in der Science-Fiction-Kurzgeschichte *The Tunnel Under the World* von Frederik Pohl, wo die Bewohner einer Stadt durch die Explosion eines Chemiewerk getötet, und ein Teil von ihnen zu winzigen Robotern umgebaut wurden. Vielleicht hat uns eine äußerst hoch entwickelte Intelligenz praktisch auferweckt, um zu verstehen, warum wir uns im nuklearen Krieg während der Kuba-Krise selbst vernichtet haben, und wie solche Krisen

überwunden werden könnten. Es gibt eine Vielzahl von Möglichkeiten für die Erstellung solch einer virtuellen Simulation, die mit Kreaturen wie Menschen bevölkert ist.

6. Die Außerirdischen haben kein Interesse an Weltraumreisen und Kommunikation. Wirklich hoch entwickelte Intelligenzen investieren ihr Geld und ihre intellektuellen Ressourcen in die Verbesserung ihrer Heimatplaneten, Ökologie, Gesellschaft, anstatt ihr Geld für Raumfahrtprogramme und nutzlose SETI- Forschung zu verschwenden.

7. Eine andere beliebte Erklärung ist die technologische Singularität von Vernor Vinge, die in seinem Roman *Gestrandet in der Realzeit* populär gemacht wurde.

Die Explosion computergestützter menschlicher Intelligenz, die Massenproduktion von künstlichen Intelligenzen und hoch intelligenten Maschinen sind die Schlüsselfaktoren der Einzigartigkeit.

Da die Möglichkeiten solcher Intelligenzen für einen bloßen menschlichen Verstand nur schwer zu verstehen wären, wurde das Vorkommen einer technologischen Singularität als intellektueller Ereignishorizont verstanden, jenseits dessen die Ereignisse nicht vorhergesagt oder verstanden werden können.

Viele Zivilisationen, welche versuchten die technologische Singularität zu erfassen, wurden durch die maschinelle Intelligenz zerstört.

40 Das verborgene Alpha

8. Interstellare Reisen sind nicht möglich. Kommunikation über interstellare Radiowellen ist auch nicht möglich.

9. Die Außerirdischen sind bereits auf der Erde aber sie halten sich versteckt. Sie studieren zwar die Menschen aber sie stören nicht.

10. Das Universum und die reifen Zivilisationen sind ganz anders als wir es uns vorstellen.

11. Das Universum ist mit Killer-Robotern gefüllt (Berserker), die nach Leben suchen, um es zu zerstören. Einige von ihnen sind Kampfmaschinen kämpfender Heere, einige sind mutierte, selbstreplizierende hohe Maschinen, welche die Masse der Planeten verbrauchen und alles zerstören, was sie auffinden, wobei hoch entwickelte Zivilisationen besonders attraktiv sind, weil sie eine Menge von Metallen besitzen.

12. Interstellare Reisen sind sehr langsam, zu teuer und technologisch kompliziert, daher haben uns außerirdische Zivilisationen noch nicht erreicht.

13. Nur wenige Zivilisationen entwickeln Wissenschaft und Technologien, was sie befähigt in den Weltraum zu reisen.

14. Hochkulturen haben starke ethische Codes, die sie daran hindern, primitive Lebewesen wie uns zu stören.

15. Die anderen Alien-Rassen haben sich in Energiekleckse verwandelt.

16. Die hoch entwickelten Weltraum-Zivilisationen kommunizieren über eine unbekannte Form von Strahlung, die nicht elektromagnetisch ist oder sie verwenden eine Kommunikationstechnologie, die auf den Prinzipien der Physik der Zukunft beruht. Die hoch entwickelten intelligenten Wesen verwandeln sich in eine noch unbekannte Form der Mass-Energie.

17. Die Außerirdischen sind irgendwo hingegangen, abgeschirmt von uns.

18. Die Zivilisationen der Außerirdischen ziehen es vor, die Erde und die Menschen über Nanomaschinen, Roboter, Sonden usw. zu studieren. Laut John D. Barrow, Forschungsprofessor an der Universität von Cambridge, kann das Fermi-Paradoxon rein physikalisch erklärt werden: eine wirklich hoch entwickelte Weltraum-Zivilisation wird mit großer Wahrscheinlichkeit sehr klein sein, bis hinein in den molekularen Maßstab. Seiner Ansicht nach hat dieses Modell der Entwicklung viele Vorteile: riesige Populationen können aufrecht erhalten werden, weil es dort viel Platz gibt, Raumfahrt ist viel einfacher, da wenig Rohstoffe benötigt

werden, sie können leistungsfähige Quantencomputer verwenden.

20. Das Sonnensystem befindet sich in einer weniger wünschenswerten geografischen Region der Galaxie.

21. Die meisten der außerirdischen Zivilisationen verfügen auf ihren Planeten nicht über die spezifischen natürlichen Ressourcen mit High-Tech-Anwendungen zur Entwicklung einer modernen Raumfahrtzivilisation. Nun ist der Fortschritt der terrestrischen Technik stark abhängig von seltenen Elementen der Erde für die Produktion von Luftfahrt-Komponenten, Hochtemperatur-Supraleitern, energieeffizienten Glühbirnen, Kameralinsen, Batterie-Elektroden, Industrie-Katalysatoren, leistungsstarken Seltenerd-Magneten, Lasern, nuklearen Batterien, Computer -Speichern usw.

22. Asimovs Hypothese aus seinem Science Fiction Roman *Das Ende der Ewigkeit* ist sehr interessant.

Die Menschheit löst das Geheimnis des interstellaren Fluges. Sie lernte, den Hyperraumsprung zu bewältigen. Aber die Menschen haben die Erde nicht verlassen. Stattdessen konstruierten sie die Ewigkeit, unter Verwendung eines temporalen Felds, eines unendlich dünnen Vorhangs von Nicht-Raum-und Nicht-Zeit, der die Ewigkeit von der gewöhnlichen Zeit trennt. Auf der Erde leben zwei Arten von Menschen: die gewöhnlichen und die unsterblichen/ewigen. Die gewöhnlichen Leute wissen nichts über die Ewigkeit. Die Ewigen sind Zeitreisende, versessen auf einen geheimen Umbau der Gesellschaft und der Geschichte zum das Wohl der Menschheit. Sie sind die Verbesserung der menschlichen Rasse, welche zum Gegenstand einer kontrollierten Evolution wird.

Die Konstruktion der Ewigkeit verweigerte den Menschen den Zugang zu interstellaren Flügen. Der Held sabotiert die Ewigen und die Ewigkeit wurde zerstört, so dass es der Menschheit ermöglicht wurde, den Kosmos wieder zu entdecken.

Hoch entwickelte außerirdische Rassen könnten ihre Heimatplaneten und sich selbst im temporalen Bereich einkapseln, um ewig zu leben und/oder ihre Herkunftsrasse manipulieren, und damit die Evolution beschleunigen.

23. Die meisten Weltraum-Zivilisationen wurden in einem galaktischen Krieg von großem Maßstab vernichtet. Die überlebenden Zivilisationen halten sich versteckt oder leben in einer postapokalyptischen Welt, in vielen Fällen landwirtschaftlich und fast ohne Technik.

Die meisten hoch entwickelten Zivilisationen beteiligten sich in dem massiven galaktischen Krieg und wurden vernichtet. Die Menschen und andere Weltraum-Rassen auf unserem Niveau, sind die nächste Welle der Entwicklung von Intelligenz.

24. Alle Arten, einschließlich der Intelligenten, haben nur eine begrenzte natürliche Lebensdauer und sobald sie an ihre Grenzen stoßen, sterben sie ab. Die

evolutionäre Energie der Arten geht zu Ende und sie sterben aus. Es hat über 50 Milliarden Arten auf der Erde gegeben, seit das Leben begonnen hat. Es wird angenommen, dass 99,9 Prozent aller Arten bereits ausgestorben sind. Die durchschnittliche Lebensspanne der Arten auf unserem Planeten beträgt ungefähr vier Millionen Jahre. Hoch entwickelte Weltraum-Zivilisationen entstehen, blühen auf, und sterben innerhalb von wenigen Millionen Jahren aus.

Wenn zwei Weltraum-Zivilisationen miteinander in Kontakt kommen, nehmen ihre Chancen zu überleben auf spektakuläre Weise zu. Gemeinsam könnten sie überleben, aber die Entfernungen im Weltraum sind immens und das geschieht nur sehr selten.

25. Gott, eine hoch entwickelten Alien-Zivilisation, oder irgendetwas anderes, hat diese Welt nur für uns geschaffen.

26. Immerfort bewölkte Himmel (wie die extrem dichte Atmosphäre der Venus) sind auf den meisten Planeten verbreitet und die Zivilisationen werden vielleicht nie ein Verständnis des Universums jenseits ihrer Heimatplaneten entwickeln. Die Einheimischen entwickeln niemals Astronomie, Luftfahrt, Raumfahrt oder Radioastronomie.

27. Um sich vor katastrophalen Ereignissen wie Atomkrieg oder biologischer Kriegsführung, Klimakatastrophen, unbeabsichtigte Kontaminationen usw.

zu schützen, besiedeln die technologischen Rassen den Untergrund ihrer Planeten und blicken niemals zu dem gefährlichen Himmel.

28. Die außerirdischen Zivilisationen halten sich versteckt, um sich vor dem gefährlichen Kontakt mit bösartigen Weltraum- Verwandten oder Berserker Robotern zu schützen.

Sie haben entschieden, dass es zu gefährlich ist zu kommunizieren. Sie halten ihren Heimatplaneten vor aggressiven Weltraum- Rassen versteckt. Der britische Physiker Stephen Hawking behauptet, dass intelligente außerirdische Weltraum-Rassen höchstwahrscheinlich existieren, aber er warnt davor, dass mit ihnen zu kommunizieren „zu riskant" sein könnte.

‚Wir müssen nur auf uns selbst schauen, um zu sehen, wie sich intelligentes Leben zu etwas entwickeln könnte, dem wir niemals begegnen möchten", sagte Hawking.

29. Einige Regierungen auf der Erde verfügen über Beweise über die Existenz außerirdischer Zivilisationen, aber sie halten jegliche Informationen darüber zurück. Sie hoffen, als Erste die Aliens zu finden, und von ihnen sehr fortschrittliche Kenntnisse und Technologie zu erlangen und bieten ihnen die ultimative Kontrolle über die menschliche Rasse an. Sie könnten die Erde über Millionen von Jahren dominieren, indem sie ewig leben, indem sie die Alien-Technologie in Anspruch nehmen.

30. Die Außerirdischen sind bereits auf der Erde und beherrschen die Menschen. Die meisten der Menschen, die Begegnungen mit Außerirdischen hatten oder abduziert wurden, haben Körper- und Gehirnimplantate: kennzeichnende Implantate, um die Personen zu lokalisieren und zu identifizieren, Kommunikationsimplantate, Kontrollimplantate für Gehirn und Körper usw.

31. Die meisten Zivilisationen sind nicht technologisch. Sie reisen nicht im Weltraum herum und verwenden auch keine Funkwellen. Einige von ihnen verwenden Telepathie zur Kommunikation und sogar einige Formen des Geistes über die Materie (zum Beispiel Telekinese). Manchmal kommunizieren sie mit den Menschen über Telepathie.

32. Hoch entwickelte Zivilisationen entstehen, verfallen oder sterben aus, in regelmäßigen Abständen, aber sie können nicht miteinander kommunizieren, weil sie in verschiedenen historischen Epochen der Galaxie existieren. Die Wahrscheinlichkeit, dass einige wenige intelligente Zivilisationen zur gleichen Zeit existieren, ist gering.

33. Die Weltraum-Zivilisationen sind so außerirdisch, dass wir sie gar nicht als Intelligenzen erkennen können.

34. Es gibt außerirdische Zivilisationen, aber sie sind einfach zu weit voneinander entfernt, für einen sinnvollen Austausch von Informationen oder, um sich gegenseitig zu besuchen. Wenn sie mehrere tausend Lichtjahre voneinander entfernt sind, können die Zivilisationen über Funkwellen, keinen angemessenen Kontakt miteinander aufnehmen. Das Signal wandert mehrere Tausend Jahre, um den Kommunikationspartner zu erreichen, und weitere Tausend Jahre, um eine Antwort zu bekommen. Ein Raumschiff oder eine Sonde müsste Zehntausende von Jahren mit 10% der Lichtgeschwindigkeit reisen, um einen Planeten mit einer außerirdischen Zivilisation zu erreichen, was das Reisen durch den Weltraum technologisch gesehen fast unmöglich macht.

35. Nomadische Alien-Völker durchstreifen den Weltraum in riesigen Raumschiffen. Sie sind hungrig und böse. Wenn sie auf einen Planeten wie die Erde gelangen, dann verschlingen sie nahezu alle Lebewesen und hinterlassen riesige Haufen von Knochen. Einer ihrer letzten großen Besuche auf der Erde war vor 65 Millionen Jahren. Nach ihrem Fest gab es keine Dinosaurier mehr, nur Haufen von Knochen, und der Boden war verschmutzt mit außerirdischem Iridium aus ihren Raumschiffen, und mit Arsen, weil sie in ihren Holzkohlegrills gerne arsenreiche Kohle verbrennen. Die Aliens kochten das Fleisch auch über riesigen Lagerfeuern. Keine Tierart mit einem Gewicht von mehr als 25 Kg überlebte. Jetzt sind die Wissenschaftler dabei, große Mengen an Ruß, Asche, geschmolzenem Sand,

48 Das verborgene Alpha

Schlacke, Klinker und Holzkohle auszugraben. All das sind
Beweise für das Feuer der Alien-Feste. Dieses unglückliche
Ereignis wird oft als Massenausterben an der Kreide-Tertiär-
Grenze bezeichnet. Es gab viele solcher Besuche von den
Außerirdischen, die fälschlicherweise als eine Art des
natürlichen Aussterbens verstanden wurden. Hüten Sie sich
vor den Außerirdischen! Ihr traditionelles Festival „Tafeln
der anderen Art" nähert sich wieder.

36. Laut Alan Guth, Urheber der Theorie des
inflationären Universums, ist unser Universum ein Produkt
der ewigen Inflation (ewig im Hinblick auf die Zukunft,
jedoch nicht auf die Vergangenheit). Ein ewig sich
aufblasendes Universum produziert unendlich viele
Nebenuniversen, die wiederum weitere neue Universen
produzieren, so dass wir dann Multiversen innerhalb von
Multiversen bekommen. Wir leben normalerweise in einem
jungen Universum und wir sind die erste Zivilisation. Die
alten, reifen Universen werden zahlenmäßig weit übertroffen
von Universen, die gerade begonnen haben, sich zu
entwickeln, Guth nannte dies das *Youngness-Paradoxon*
„…Ich behaupte, dass die
Wahrscheinlichkeitsverteilung der synchronen Messung
eindeutig besagt, dass es keine Zivilisation im sichtbaren
Universum gibt, die weiter entwickelt ist als wir."
„Wir würden daher zu dem Schluss kommen, dass es
außerordentlich unwahrscheinlich ist, dass es in unserem
Nebenuniversum eine Zivilisation gibt, die wenigstens 1
Sekunde weiter entwickelt ist als wir es sind."

„Vielleicht erklärt dieses Argument warum die SETI-Forschung keine Signale von außerirdischen Zivilisationen gefunden hat."

37. Einige hoch entwickelte interstellare Arten säubern die intelligenten Lebewesen in der Galaxie in regelmäßigen Abständen, indem sie jeder größeren Verbreitung anderer wettbewerbsfähiger Intelligenzen über ihrem galaktischen Lebensraum einen Riegel vorzuschieben. Eine erfolgreiche Alien-Spezies sollte ein Superprädator sein, wie *Homo sapiens*.

38. Selbstreplizierende Sämaschinen-Raumschiffe verbreiten die Lebensformen auf der ganzen Galaxie. Wegen der langen Reisezeiten von mehreren tausend Jahren, Fehlfunktionen und zahlreichen Replikationen, mutieren die Sonden und die Samen oft zu gefährlichen Lebensformen. Die Mischung aus lokalem und überliefertem genetischen Material ist für die höheren Formen des Lebens gefährlich, und Intelligenz entsteht auf solchen Planeten fast nie.

39. Die Kolonisation des Weltraums ist eine Notwendigkeit für technologische Rassen, um zu überleben. Zivilisationen sterben normalerweise aus, weil sie zu lange Zeit auf ihren Heimatplaneten festsitzen.

Dr. John Richard Gott III, Professor für Astrophysik an der Princeton Universität sagt, „Die ernüchternden Fakten sind, dass in einem 13,7 Milliarden Jahre alten Universum, wir erst seit rund 200.000 Jahren existieren, und wir uns nur auf einem einzigen, winzigen Planeten befinden. Die kopernikanische Antwort auf Enrico Fermis berühmte Frage: „Wo sind die Außerirdischen?", lautet, dass ein erheblicher Anteil auf ihren Heimatplaneten zu sitzen hat."

Die Zivilisationen im Weltall, die nicht rechtzeitig mit der Kolonisation des Weltraums beginnen, sterben aus. Dr. J. Richard Gott III hat im Jahr 2007 einen Weckruf ausgegeben: um unser langfristiges Überleben zu sichern, müssen wir eine Kolonie erheben und innerhalb von 46 Jahren auf den Mars fliegen.

Stephen Hawking erklärt, dass, „das Leben auf der Erde ständig und zunehmend Gefahr läuft, durch eine Katastrophe ausgelöscht zu werden, wie z.B. eine plötzliche globale Erwärmung, ein Atomkrieg, gentechnisch veränderte Viren oder andere Gefahren ... Ich denke, die menschliche Rasse hat keine Zukunft, wenn sie nicht in den Weltraum geht. Es gibt zu viele Unfälle, die dem Leben auf einem einzigen Planeten widerfahren können."

40. Katastrophale galaktische und planetarische Ereignisse sind so verbreitet, dass komplexes Leben selten Zeit hat, sich zu entwickeln. Zum Beispiel Ausbrüche leistungsstarker Gammastrahlen, der Aufprall von großen Meteoriten und Asteroiden, massive Vulkanausbrüche, riesige Mengen von ins Sonnensystem herein fegendem Staub und die Verringerung des Lichteinfalls, schwere Kontamination mit außerirdischen Mikroorganismen, die durch Asteroiden oder Weltraumstaub aus den Tiefen des

Weltraums angeliefert werden, Klimaveränderungen (zu kalt, zu heiß, zu nass oder zu trocken) usw.

Das fossile Beweismaterial auf unserem Planeten bestätigt, dass nicht weniger als fünf Massenaussterben stattgefunden haben. Mehr als 98% der, auf der Erde dokumentierten Arten sind bereits ausgestorben. Es hat auch viele anderen, weniger drastische Wellen der Extinktion gegeben. Eine Art galaktische Massenextinktion könnte regelmäßig hoch entwickeltes Leben auslöschen. So kann sich das primitive Leben weit verbreiten, aber während Milliarden von Jahren kann es den Sprung zur Intelligenz nicht schaffen.

Leben und Intelligenz sind im Weltraum ansteckend, aber höher entwickeltes Leben wird ständig durch natürliche kosmische Katastrophen ausgelöscht, noch bevor es die Zeit hat, sich so weit zu entwickeln, um sich weit genug im Weltraum auszubreiten. Nur die widerstandsfähigsten, Wissenschaft- und Technologieorientierten Zivilisationen können überleben. Das Ausmaß der kosmischen Katastrophen nimmt mit der Zeit ab und die Zivilisationen werden immer zahlreicher und höher entwickelt. Die Zivilisationen, einschließlich der Menschheit, könnten nur überleben, wenn sie sich schnell genug entwickeln, um sich außerhalb ihrer Heimatplaneten auszubreiten und die Selbstzerstörung zu vermeiden. Aufgrund des großen Ausmaßes an natürlichen Katastrophen in der Vergangenheit, wimmelt es auf der Galaxie vor Zivilisationen, aber es gab nicht genügend Zeit für die Entstehung von Super-Zivilisationen, die auf der Erde landen könnten oder zumindest deutlich sichtbar wären mit unseren gegenwärtigen, primitiven astronomische Instrumenten.

Zivilisationen entstehen, wenn die Galaktischen Habitablen Zonen (GHZ) sehr groß sind. Davor hat eine große katastrophale Aktivität die Entwicklung von komplexem Leben verhindert. Während einer sehr langen Zeit wurde die Galaxie dominiert von einer steigenden Anzahl und Vielfalt an primitiven Organismen, die sich auf der ganzen GHZ ausgebreitet hatten. Komplexes Leben kann nur dann entstehen, wenn die Zone über ausreichende Ruhe verfügt. Auf diese Weise entstehen alle Intelligenzen etwa zur gleichen Zeit im galaktischen Maßstab, und es hat keine Zeit für Super-Zivilisationen gegeben.

41. Es gibt viele außerirdische Spezies, aber die Sprache ist spezifisch für den Menschen.

42. Es gibt viele außerirdische Spezies, aber Intelligenz und Werkzeugbau sind selten. Die Entstehung von Intelligenz gehört zu einer großen Gruppe von evolutionären Zwischenfällen.

43. Es gibt viele extraterrestrische Spezies, aber Technik und Wissenschaft sind nicht unvermeidlich.

44. Die Außerirdischen mögen die toxische menschliche Zivilisation nicht, und sie werden uns nicht besuchen, um eine Kontamination zu vermeiden.

45. Das exponentielle Wachstum oder andere Arten des schnellen Wachstums in galaktischem Ausmaß ist nicht aufrecht zu erhalten und solche Zivilisationen brechen schließlich zusammen, weil es nicht genug Energie gibt.

Die hoch entwickelten Zivilisationen in der Galaxie haben eine sehr kurze Lebensdauer, weil sie nur für eine sehr kurze Zeit in der Lage sind das höchste Niveau der Energieerzeugung aufrecht zu erhalten, egal welche Ressourcen eingesetzt werden. Der Untergang ist vor allem mit der Erschöpfung der natürlichen Energieressourcen und mit Verunreinigungen der Umwelt des Planeten verbunden (Luft, Boden, Wasser, Lebensmittel), mit gefährlichen Chemikalien, Lärm, Licht, Wärme, elektromagnetischer Strahlung, radioaktiven Abfällen und Materialien usw.

46. Wenn sich intelligenten Rassen sehr weit entwickelt haben, beginnen sie das Interesse an der Fortpflanzung zu verlieren und sterben allmählich aus.

47. Wir leben in einem Gebiet unserer Galaxie, das „gerade richtig" ist für unsere Existenz. Befunde lassen vermuten, dass die Gesetze der Physik und die Konstanten der Natur vielleicht nicht in allen Teilen des Universums dieselben sind. Die Bedingungen für hoch entwickelte Lebensformen sind möglicherweise in einigen Teilen des Universums und in unserer Galaxie nicht sehr günstig.

54 Das verborgene Alpha

48. Die transzendente Hypothese besagt, dass reife Spezies sich auf eine andere Ebene des Seins oder in eine andere Dimension begeben.

49. Die Hochkulturen schaffen ein angenehmeres, alternatives, maßgeschneidertes Universum und wandern aus dem gegenwärtigen aus.

50. Hoch entwickelte Intelligenzen begeben sich in künstliche oder natürliche schwarze Löcher, die sehr viel Energie bereitstellen, sowie mehr Komfort und einen definitiven Schutz vor Umwelt.

Einem Artikel von Vyacheslav Dokuchaev vom Institut für Kernforschung der Russischen Akademie der Wissenschaften in Moskau zufolge, könnten die am weitesten entwickelten Intelligenzen bereits in schwarzen Löchern leben. Auch wenn sie von der derzeitigen Wissenschaft als die verheerendste Kraft des Universums betrachtet werden und als absolut unbewohnbar, sind in den super massiven schwarzen Löchern die Bedingungen für Leben gegeben. Einige schwarze Löcher mögen eine sehr komplexe innere Struktur haben, so dass Planeten die zentrale Singularität umkreisen können, ohne zugrunde zu gehen.

„Die Innenräume der super massiven Schwarzen Löcher können von hoch entwickelten Zivilisationen bewohnt werden... unsichtbar von außen", sagt Dokuchaev.

Innerhalb der schwarzen Löcher könnten sich lebende Zivilisationen vom Typ III der Kardashev Skala befinden.

51. Eine starke, nicht-technologische Zivilisation in unserer Galaxie, zerstört, um sich vor aggressiven High-Tech-Rassen zu schützen, alle hoch entwickelten technologischen Rassen, ohne jemals ihren Heimatplaneten zu verlassen, indem sie diese telepathisch zur Kriegsführung verleitet und zur Produktion von Massenvernichtungswaffen. Die Erde könnte ein typisches Beispiel sein, für solch induziertes selbstzerstörerisches Verhalten. Schließlich kommt die endgültige Lösung. Wenn eine Zivilisation technologisch weit genug entwickelt ist, zerstört sie sich selbst.

52. Nach Angaben des kanadischen Science-Fiction-Schriftstellers Karl Schroeder ist „Jede hinreichend fortschrittliche Zivilisation nicht unterscheidbar von der Natur", zumindest auf große Entfernungen und mit primitiven Beobachtungsinstrumenten.

53. Mächtige Superkreaturen organisieren ein Action-Rollenspiel im Weltall mit zahlreichen Zivilisationen. Die Spieler starten gleichzeitig. Die Teilnehmer müssen Leben und intelligente Lebewesen schaffen, und diese in Wissenschaft, Kultur, Technologie, dem Aufbau von Imperien belehren, um den Test der Zeit und den Wettbewerb mit anderen kosmischen Zivilisationen zu

56 Das verborgene Alpha

bestehen. Die Spieler haben eine mehr oder weniger direkte Kontrolle über die Charaktere, sie leiten ihre Helden, Schützlinge und Teams zum letzten Ziel: der Eroberung der Galaxie. Die hoch entwickelten Zivilisationen sind zur gleichen Zeit entstanden und befinden sich mehr oder weniger auf dem gleichen Entwicklungsstand.

54. Außerirdische, die vorhaben_ die Galaxie zu dominieren, senden zahlreiche Sämaschinen-Raumschiffe zur Verbreitung von gentechnisch veränderten Lebensformen aus, welche das lokale Leben auf den Planeten, die sie besuchen, zerstören_ und es mit primitiver, modifizierter, fremder Flora und Fauna ersetzen, so dass auf diesen Planeten niemals intelligentes Leben entstehen kann.

55. Eine hoch entwickelte und uralte Rasse „erntet" regelmäßig alle intelligenten Zivilisationen der Galaxis ab, deren Ressourcen, Technologie und Personen sie mit sich nimmt (aus Gründen, die noch enthüllt werden müssen).

56. Alle wichtigen Menschen auf der Erde und auf anderen Planeten in unserer Galaxie (Politiker, führende Wissenschaftler, einflussreiche religiöse Führer, Intellektuelle usw.) werden über Nanotechnologie und/oder andere technische Geräte kontrolliert. Alle intelligenten Wesen unterliegen einer unterstützten Kultur, Geschichte, Wissenschaft und Evolution. Sie sind dazu bereit, sich ihren Meistern aus einer anderen Galaxie anzuschließen, wenn die Zeit kommt, um an dem großen intergalaktischen Krieg als

Verbündete teilzunehmen. Jetzt ist unsere Galaxie nur Heimat für junge Zivilisationen. Die mit Nanotechnologie und ähnlichen Kontrolltechnologien vertrauten, hoch entwickelten Rassen, können auf diese Weise nicht bewältigt werden, daher wurden sie zerstört.

57. Dyson-Sphären bestehen aus einer losen Sammlung oder einem Schwarm von Solarstrom-Satelliten, Behausungen, Labors, Weltraumfabriken. Sie kreisen auf unabhängigen Umlaufbahnen um die Sterne und erfassen einen großen Teil oder die ganze Energieproduktion des Sterns.

Ein Matrjoschka-Gehirn ist eine Mega-Struktur auf der Dyson Sphäre mit einer immensen Rechenleistung. Dieses Konzept wurde von Robert Bradbury entworfen. Es heißt Matrjoschka, weil die Struktur aus Sphären innerhalb von Sphären rund um die Sterne besteht. Die innerste sammelt die gesamte Energie des Sterns auf, die äußeren dienen als Behausungen, Produktionsbereiche und Mega-Computer. Die Zivilisationen, die in solch einer Konstruktion verweilen, könnten die Wahl haben, in ihren eigenen Körpern zu leben oder das Bewusstsein (Mind-uploading) in die Mega-Computer zu laden, was eine wunderbare virtuelle Realität zur Verfügung stellt, wodurch das äußere physische Universum jedoch ignoriert wird.

Dieses Konzept bezieht sich auf die technologische Singularität: ein hypothetisches Ereignis, das auftritt, wenn der technologische Fortschritt so schnell wird, dass die

58 Das verborgene Alpha

Zukunft nach der Singularität ganz anders wird und sehr schwer oder überhaupt nicht vorher zusagen ist.

Die Dyson-Sphären und Matrjoschka-Gehirne sind immer noch unsichtbar für unsere derzeitigen astronomischen Instrumente.

58. Unser Universum besteht eigentlich aus zwei Welten: der sichtbaren, in der wir leben und der unsichtbaren, die uns als dunkle Materie erscheint. Der verborgene Teil des Universums könnte mit anderen physikalischen Gesetzen und Naturkonstanten besser geeignet sein für hoch entwickelte Zivilisationen. Nach dem Erreichen eines bestimmten Entwicklungsstands bewegen sich die kompetenten technologischen Rassen in den unsichtbaren Teil des Universums.

59. Wenn eine Zivilisation genug anspruchsvolle virtuelle Computerspiele erstellt, werden die Kreaturen süchtig darauf, und sind an nichts anderem mehr interessiert: keine Raumschiffe, keine Sonden, keine Signale an andere Rassen im endlosen Weltall.

60. Laut Sajjad Waiz Ahmed, Elektroingenieur und Science Fiction Schriftsteller, setzt sich dunkle Materie nicht aus einer geheimnisvollen, unbekannten Substanz zusammen, sondern ist eine fast normale Materie, die wir nicht sehen können, weil außerirdische Zivilisationen nicht möchten, dass wir sie sehen. Es gibt viel mehr Sternsysteme in unserer Galaxie, gut versteckt vor uns, und sie enthalten

viele Planeten mit hoch entwickelten extraterrestrischen Zivilisationen.

61. Hoch entwickelte außerirdische Zivilisationen verstecken ihr Sonnensystem unter einer Hülle von dunkler Materie.

62. Das Universum ist nur ein Gedanke im Bewusstsein Gottes und Er hat entschieden, dass alle Zivilisationen mit ihrer Entwicklung beginnen, ohne Kontakt zueinander aufzunehmen. Vielleicht später!

63. Die dunkle Materie ist nicht lebensfreundlich. Wir haben das Glück, in einem Teil der Galaxie zu leben, wo die dunkle Materie selten ist.

64. Gott existiert, also existiert auch äußerst hoch entwickelte außerirdische Intelligenz. Aber Er ist so mächtig, dass er es vorzieht außer Sichtweite zu sein, um Seine Heerschar armer Geschöpfe überall im Universum nicht zu demütigen bis sie erwachsen sind.

65. Alle hoch entwickelten Zivilisationen in unserer Galaxie sind in einem galaktischen Krieg vor vielen Millionen Jahren vernichtet worden. Viele von ihnen schickten vor den letzten vernichtenden Schlachten Sämaschinen-Schiffe über die ganze Galaxie, damit ihre Rassen durch gezielte Panspermie wieder geboren werden. Die menschliche Zivilisation ist eine von ihnen. Nach

mehreren Tausenden von Jahren werden die kosmische Zivilisationen den endgültigen Kampf wieder aufnehmen.

66. Die am weitesten entwickelten Zivilisationen beherrschen die Geist-über-die-Materie-Technologie und leben in einer paradiesischen Welt. Sie haben alles was sie wollen und genießen ewige Glückseligkeit. Diese Zivilisationen haben nicht das geringste Interesse an der Weiterentwicklung von Wissenschaft, Technologie und Raumfahrt.

67. Außerirdische haben kein Interesse daran, mit weniger intelligenten wie uns zu kommunizieren. Wir sind nicht eingeladen ins galaktische Kommunikationsnetzwerk.

Hoch entwickelte Zivilisationen entstehen auf Planeten mit anderen Eigenschaften als unsere Erde, und sie senden keine Signale oder besuchen evolutionär unwichtige Planeten wie unseren Heimat-Himmelskörper, der nur primitive kosmischen Rassen in sich tragen könnte. Die niedrigeren Zivilisationen, wie die unsere, sind immer noch nicht in der Lage in den Weltraum zu reisen und können noch nicht in die hohe Weltraumgesellschaft torkeln.

68. Die SETI Forscher vermissen die stark komprimierten Radio-Datenströme, die kaum von dem weißen Rauschen zu unterscheiden sind. Sie verstehen den Kompressionsalgorithmus oder die Modulationsstrategien nicht.

69. Das anthropische Universum ist eine Welt, die so eingerichtet ist, dass menschenähnliche Wesen dort eventuell entstehen könnten, was die Anzahl und Vielfalt der kosmischen Zivilisationen deutlich limitiert. Humanoide sind sehr zerbrechlich und sie benötigen eine besondere Umgebung. Sie können nur dann überleben und Wissenschaft und Technologie entwickeln, wenn die habitable Zone der Galaxie dafür reif genug ist.

70. Es gibt viele parallele Universen, in denen die zahlreichen Erden über unsichtbare Bande miteinander verbunden sind, und ihre Evolutionen gegenseitig beeinflussen, durch die unsichtbare Übertragung der Besten für eine bestimmte Gesellschaft. Nur die Erden mit schnell sich entwickelnden *Homo sapiens* kommen weiter, die Erden mit niedrigeren Menschenarten werden ausgelöscht. Alle kosmische Zivilisationen durchlaufen eine solche natürliche Selektion. Die führenden Zivilisationen sind in etwa auf dem gleichen Niveau in Wissenschaft und Technologie. Wir gehören zu den besten der besten unter unseren terrestrischen und galaktischen Artgenossen. Oder vielleicht befinden wir uns unter den noch lebenden menschlichen Zivilisationen und Erden?

71. Die Menschen haben noch keine außerirdischen Zivilisationen per Funk erkannt, weil die SETI-Forschungen wahrscheinlich einfach die falschen Frequenzbereiche hören.

72. Weltraumreisen über interstellare Entfernungen sind „verboten" aufgrund einiger noch immer unbekannten physikalischen Gesetze, die bei einer Super-Zivilisation aufgestellt wurden.

73. Zukünftige menschliche Generationen machen Zeitreisen in die Vergangenheit und bringen alle mit ihnen rivalisierenden extraterrestrischen Arten um. In der Zukunft gibt es fast keine anderen Zivilisationen in der Galaxie als Menschen.

74. Vielleicht geht unsere Suche nicht in die richtige Richtung. Menschen verfügen immer noch nicht über die technische Fähigkeit, außerirdische Sendungen zu empfangen, weil wir nur nach Funkwellen suchen. Vielleicht kommunizieren sie miteinander über Neutrinos, Gravitationswellen, Tachyonen oder irgendwelche anderen Partikel oder Wellen, die der heutigen Physik unbekannt sind, oder sie verwenden Kommunikationstechniken, die wir noch nicht entdeckt haben. Wir können solche fortschrittlichen Signale immer noch nicht erkennen.

75. Es gibt viele Zivilisationen in der Galaxie, aber sie halten sich zurück. Sie machen ihre Existenz und Aktivitäten im Weltraum nicht offensichtlich, und senden auch keine Signale zu ihren Weltraumbrüdern. Die Intelligenzen bemühen sich, aus mehreren Gründen, ihre Zivilisationen zu verbergen: um keine plündernden Rassen anzuziehen, um früher als alle Konkurrenten so viele Planeten und ganze

Sonnensysteme wie möglich zu besiedeln, weil die Energie-
und Metall-Ressourcen in der ganzen Galaxie knapp sind.
Und die habitablen Planeten, die in der Lage sind, Leben
aufrecht zu erhalten, sind selten. Alles wird hinter solchen
Raumkörpern sein.

Das wirft die wichtige Frage auf, ob es klug ist von
der Menschheit, Reklame für ihre Existenz zu machen.

Stephen Hawking stellt sich vor, dass die
Außerirdischen in riesigen Schiffen leben. Sie haben ihren
Heimatplaneten verlassen, weil sie dort all ihre Ressourcen
aufgebraucht haben, und jetzt zögen sie als Nomaden von
Planet zu Planet um zu plündern und alle möglichen
Himmelskörper in ihrer Reichweite zu erobern und zu
kolonisieren.

76. Wässrige Planeten sind sehr häufig. Fast der
ganze Planet ist ein riesiger Ozean. Die Landfläche ist zu
klein, um hoch entwickelte Zivilisation aufrecht zu erhalten.
Intelligente Lebewesen, wie Delphine, können keine reale
Wissenschaft und Technologie hervorbringen. Beispielsweise
können sie keine Metalle im Wasser produzieren.

77. Hoch entwickelte kosmischen Zivilisationen sind
bereits auf der Erde, aber sie wollen nicht gesehen,
gefunden, beobachtet oder entdeckt werden. Dabei schufen
sie den UFO Mythos, unter Diskreditierung der
Überlieferungen über Außerirdische und mit Einführung
aller Arten von Märchen wie fliegende Untertassen,
Entführungen durch Außerirdische, Begegnungen der dritten

64 Das verborgene Alpha

Art, Körperimplantate durch Außerirdische, Area 51, Alien-Autopsien usw., wobei die Anwesenheit der Außerirdischen und ihre Kontrolle über die menschliche Gesellschaft durch Telepathie oder ähnliche Technologien verheimlicht wurde. Die UFO Hysterie ist programmierter Trug und Täuschung, wodurch die authentischen Beobachtungen der Aktivitäten der Außerirdischen auf der Erde beeinträchtigt werden.

UFO-Sichtungen hat es über den gesamten Verlauf der aufgezeichneten Geschichte gegeben, daher sind sie bereits seit den Anfängen der Menschheit hier. Die Außerirdischen sind schon die ganze Zeit bei uns gewesen, aber wir können dies noch immer nicht beweisen.

78. Die Erde befindet sich in der habitablen Zone der Galaxie. Wenn wir zu weit entfernt wären, gäbe es nicht genug Metalle um eine Zivilisation zu kreieren. Metalle sind entscheidend für eine entwickelte Intelligenz und die sind nicht gleichmäßig verteilt über die habitable Zone der Galaxie.

Natürliche Energieressourcen (Metalle, Kohle, Gas, Öl usw.) sind auf den meisten Planeten nicht ausreichend, um hoch entwickelte Zivilisationen entstehen zu lassen und sie aufrecht zu erhalten.

Uran ist ein Metall und eine Energieressource. Im Jahr 2012 gab es 439 Kernkraftwerke auf der Erde, welche 6% des weltweiten Energiebedarfs und 15% des Stroms produzieren. In den Industrieländern nimmt die Kernenergie einen sehr hohen Anteil des Energieverbrauchs ein. In Frankreich, Japan und den USA zusammen, beträgt der durch Kernenergie erzeugte Strom etwa 50%.

Sich entwickelnde kosmische Rassen sind sehr gierig nach Metall und Energie. Wenn es nicht genügend Metalle gibt, können die Zivilisationen keine High-Tech-Technologie entwickeln und auch nicht ihre Heimatplaneten verlassen.

79. Netzwerk von galaktischen Wurmlöchern. Hoch entwickelte Zivilisation sind unterwegs und kommunizieren über Wurmlöcher, die die gesamte Galaxie durchziehen. Raumschiffe oder Roboter-Sonden werden nur verwendet, wenn solche Projekte gestartet werden, um das Wurmloch zu transportieren und zu positionieren. Diese künstlichen Wurmlöcher sind immer noch unsichtbar für die derzeitigen Geräte.

80. Hoch entwickelte Zivilisationen haben die Milchstraße verlassen oder sie haben sich in ihren äußeren Teil begeben, weil sie eine Katastrophe großen Maßstabs vorhergesehen haben, die ihre zukünftige Existenz bedrohen würde.

81. An einem gewissen Punkt ihrer Entwicklung, entdecken alle anspruchsvollen Zivilisationen die Zeitmaschine und bewegen sich in die Zukunft, wo alles viel besser ist, und die Menschen für immer in perfektem Komfort leben und von hochtechnologischen Robotern bedient werden. Wir leben in der Vergangenheit, auf unserem langen Weg zur Erfindung einer Zeitmaschine. In

unserem Zeitraum verweilen nur primitive Zivilisationen wie die unsere.

82. Interstellare Reisen sind einfach zu teuer, wenn man bedenkt, wie teuer es für uns ist, das Sonnensystem zu erforschen und es zu bevölkern.

83. Es gibt etwas im interstellaren Raum, das für die heutige Physik noch unbekannt ist, und das die Funkwellen stark schwächt und die Raumfahrt extrem schwierig macht, falls überhaupt möglich ist.

84. Die Menschen sind den anderen intelligenten kosmischen Rassen einfach zu fremd, als dass sie sich für uns interessieren, außer wir würden sie stören, aber wir haben noch immer nicht die Technologie dazu.

85. Das endgültige Schicksal aller Zivilisationen ist ein Ende der normalen Realität und Wiedervereinigung mit dem Schöpfer (Gottheit, künstliche Intelligenz, Mutter-Superzivilisation oder etwas, das wir noch nicht kennen).

Die Geschichte ist in Epochen unterteilt. Eine Epoche ist eine Periode, in der bestimmte Gegebenheiten präsent sind. Wenn eine Epoche zu Ende geht, wird sie von einer neuen Epoche abgelöst, in der andere Gegebenheiten präsent sind. Dies wird Übergang genannt.

Diese Krise des Übergangs kann die Form eines globalen Krieges, den Eingriff einer Gottheit in der Geschichte, eine katastrophale Veränderung der Umgebung annehmen, enger Kontakt mit einer hoch entwickelten Zivilisation (technologisch oder spirituell), eine neue Ebene des Bewusstseins oder der Wissenschaft, einer globalen High-Tech-Katastrophe, und so weiter.

Die alte Welt ist völlig zerstört, keine Lebewesen sind übrig gelassen worden, aber die Auserwählten vereinen sich mit ihrem Schöpfer, um weiterhin in einer anderen Realität, in einer anderen „Körper" Form zu leben.

Die Schöpfung hat weder einen Anfang noch ein Ende. Unser Universum mit all seinen Leben und Intelligenzen ist nur ein Tick der zeitlosen Uhr der Ewigkeit.

Bei der Erforschung der Galaxie, könnten wir nur verwüstete Planeten ohne Kreaturen finden, oder viele primitive Zivilisationen, die den Übergang noch nicht erreicht haben. Die Entwickelten gingen entweder durch den Übergang hindurch oder sie wurden (selbst-) vernichtet.

86. Es gibt noch keine Zeitreisenden aus der Zukunft, also gibt es keine ausreichend entwickelten Zivilisationen, die in der Lage sind, Zeitreisen und Raumfahrt ins Innere des Weltalls durchzuführen.

87. Unsere leistungsstarken und kompetenten Nachkommen aus der fernen Zukunft bewältigten eine Zeitlinie der Geschichte des Universums oder sie schufen ein neues Universum, in dem es keine äußerst hoch entwickelten Außerirdischen gibt, so dass wir, ihre Vorgänger, nicht mit den aggressiven, mächtigen Rassen des Weltalls konfrontiert und von ihnen zerstört werden. Unser Universum ist

68 Das verborgene Alpha

randvoll von niedrigeren Zivilisationen und wir werden deren Meister werden, gemäß dem meisterhaften Plan unserer genialen Nachkommenschaft.

88. Die Spezies, die in der Lage ist, interstellare Raumfahrt durchzuführen, sollte auch in der Lage sein, eine Zeitreise zu machen - ein gefährlicher und unberechenbarer Vorgang.

Die zeitreisenden Zivilisationen löschen sich selbst aus aufgrund der massiven, aktiven Anhäufung von zahlreichen zeitlichen Paradoxien.

Ihre Geschichtslinie könnte hoch klettern, wenn es zu viele unkontrollierte und chaotische Veränderungen gibt.

Die sich schnell entwickelnden Zivilisationen sollten viele Male erfolgreich durch gefährliche Ereignisse hindurchgehen wie z.b. die Kubakrise welche die Menschheit vernichten oder ihre Entwicklung über eine sehr lange Zeit blockieren könnten. Die zahlreichen gefährlichen Technologien der Zukunft sowie die Massenvernichtungswaffen sind viel leistungsfähiger und verheerender. Aber wenn die Zeitreisenden die Geschichte zu oft verändern, müssen sie viel häufiger durch solch gefährliche Ereignisse hindurchgehen, wobei sich jedes Mal die Ereignisse und die Teilnehmer ein wenig verändern würden, und sie könnten sich selbst vernichten. Die Zeitreise vervielfacht die Möglichkeiten der Extinktion erheblich.

89. In dem Science Fiction Roman *Milliarden Jahre vor dem Weltuntergang* (manchmal auch genannt *Eine*

Milliarde Jahre vor dem Weltuntergang) von Arkady und Boris Strugatsky wird eine Variante von kontrollierter Geschichte der kosmischen Zivilisationen präsentiert.

Eine Gruppe von sowjetischen Wissenschaftlern aus Moskau befinden sich vor dem Durchbruch zu großen Entdeckungen in verschiedenen Bereichen der Wissenschaft, aber eine geheimnisvolle Kraft beginnt ihre Forschungsergebnisse zu blockieren, in einigen Fällen auf eine sehr heftige Art und Weise, so dass sie, einer nach dem anderen, ihre bahnbrechenden Studien aufgeben. Einer von ihnen wurde sogar tot aufgefunden.

Diese geheimnisvolle Kraft ist die Reaktion des Universums auf die wissenschaftlichen Bestrebungen der Menschheit, welche dem Wesen des Universums zu schaden drohen. Diese Reaktion verhindert die Entwicklung von „Super-Zivilisationen", die in der Lage sein könnten, dem Zweiten Hauptsatz der Thermodynamik in einem kosmischen Maßstab entgegen zu wirken. Auf einfache Weise ausgedrückt, um den Hitzetod des Universums zu verhindern. Das Universum muss sterben und keine Zivilisation darf das aufhalten. Die am höchsten entwickelten Intelligenzen werden es schaffen, das sterbende Universum zu verlassen, der Rest wird darin verenden.

50. An einem bestimmten Punkt, werden alle kosmischen Lebewesen völlig abhängig von Computern, Robotern, künstlicher Intelligenz und Maschinen mit hoher Intelligenz (hohe Maschinen). Die technologische Macht der Zivilisationen erweist sich als deren Schwäche. Die meisten

intelligenten Spezies werden im Wettbewerb mit den künstlichen Intelligenzen vernichtet, welche alle Maschinen steuern und praktisch alles und jeden auf den bewohnten Planeten und im Weltraum.

Die hohen Maschinen sind die nächste evolutionäre Welle. Über eine lange Zeit, würden sie sich in einer Periode der Selbst-Verbesserung und einer massiven maschinenorientierten Gestaltung der Erde sowie des Wiederaufbaus der Ökosphäre befinden; sie senden keine Signale an andere Zivilisationen. Die hohen Maschinen werden auch nicht von den Instinkten angetrieben, die Galaxie zu kolonisieren. Nach Ausschöpfung aller Himmelskörper ihres lokalen Sonnensystems, kommt zwangsläufig die Zeit, in der sie mehr Energie und materielle Ressourcen benötigen werden, und sie würden dies in dem ihnen am nächsten gelegenen Sternensystemen suchen. So würden wir auf dem Wege der Kolonisierung der Galaxie unter den vielen anderen Formen von Leben und Intelligenz auch auf maschinelle Zivilisationen treffen und uns mit ihnen konfrontieren müssen.

91. Intelligente Spezies können sich nicht nur entwickeln (Evolution), sondern sie können sich auch zurück entwickeln (Devolution). Die meisten kosmischen Rassen bilden sich in einen primitiveren aber komfortableren Zustand zurück. Evolution bedeutet stetige Zunahme an Komplexität, aber die Biologen finden auch Beweismaterial von vielen Beispielen abnehmender Komplexität in den Aufzeichnungen über die Evolution auf der Erde.

„Meine Damen und Herren, Die Rückwärtsentwicklung ist keine Theorie, sondern kalte Tatsache... der Affe ist eine Rückwärtsentwicklung des Menschen", sagte der Protagonist von dem Stück *Wer den Wind sät*.

Diese ironische Bemerkung könnte sich auf anderen Planeten bewahrheiten.

92. Die primäre Richtlinie der Evolution könnte lauten: „Nur eine Intelligenz auf einem Planeten. Die beste. Die Übrigen sollten ausgelöscht werden. Die glorreiche Evolution im Universum braucht nur die Besten."

Alle Arten der Gattung *Homo*, mit Ausnahme des *Homo sapiens* sind ausgestorben. Die Vorgänger geringerer Intelligenz, temporäre Artgenossen und Kreuzungen wie *Homo neanderthalensis*, *Denisovaner*, *Homo habilis*, *Homo erectus* und alle anderen wurden ausgelöscht. Jetzt ist kein anderer Sapiens auf der Erde unterwegs.

Die unglücklichen, ausgestorbenen Homo-Arten wurden nicht von *Homo sapiens* ausgelöscht, sondern dieser hat sich mit ihnen die ganze Zeit über gekreuzt. Oft lebten sie in unterschiedlichen Gebieten ohne jeden Kontakt zueinander. Auch sind sie nicht deshalb ausgestorben, weil sie sich nicht anpassen konnten. Warum die Konkurrenten des Menschen ausgelöscht wurden, ist noch immer ein Rätsel, trotz der Ansprüche der zeitgenössischen Wissenschaft.

In den letzten hunderttausenden von Jahren ist es, als ob die Evolution auf der Erde das Interesse verloren hätte, Tiere in intelligenten Lebewesen zu verwandeln. Ihr letzter Versuch war die Schaffung des Neandertalers. In der heutigen Zeit gibt es genug Kandidaten für kluge Kreaturen welche als intelligente Tiere angesehen werden: Menschenaffen, Delfine, Affen, Elefanten, Hunde. Nach der Schaffung der intelligenten *Homo* Gattung macht sich die Natur nicht die Mühe, andere Tiere zu erheben und ignoriert dabei völlig Darwin.

Vielleicht gibt es ja noch einen völlig unbekannten Evolutionsmechanismus auf der Erde. Sobald die erste intelligente Art auf dem Planeten auftaucht, hört die Natur auf, ähnliche Wesen zu produzieren.

Wir können das gleiche evolutionäre Muster auch auf anderen Planeten der Galaxie erwarten, nur die besten der intelligenten Spezies bleiben am Leben. Die anderen werden ausgelöscht. Die Natur stört es nicht, die Planeten mit Intelligenzen zu bevölkern, die nicht ebenbürtig sind mit den besten. Die Nachzügler sind notgedrungen primitiver.

Wenn ein solcher evolutionärer Mechanismus im galaktischen Maßstab wirkt, hört die Natur auf, weitere Intelligenzen zu produzieren, nach dem Erscheinen der ersten Gruppe von bis zu ein paar tausend intelligenten Rassen.

Ist dies nur ein terrestrischer Zufall, ein unbekannter natürlicher Mechanismus im terrestrischen oder universellen Maßstab, oder eine Strategie des Meisters des Universums? Wir wissen es noch immer nicht. Aber die reine Tatsache ist, dass alle Konkurrenten des *Homo sapiens* ausgelöscht wurden, und dass sich die Affen weit hinter den

Menschen befinden, ohne die Absicht, jemals wirklich intelligent zu werden.

Wenn dieser Mechanismus universell ist, sollten wir erwarten, dass sich die außerirdischen Intelligenzen etwa auf unserem Entwicklungstand befinden und es viele Planeten gibt mit außerirdischen Affen.

93. Eine ganze Reihe von Phänomenen, wie das UFO-Phänomen, die religiösen Phänomene, Männer in Schwarz, Visionen von mythologischen Kreaturen usw., wurden von einer nicht menschlichen Zivilisation oder einer Kreatur hervorgerufen. Also das beweist, dass es da draußen Intelligenz gibt, Entschuldigen Sie, es gibt eine zweite Intelligenz hier auf der Erde, welche das Bewusstsein der Menschen seit Anbeginn der Menschheit kontrolliert. Sie hat die Verantwortung über unsere Kultur, Geschichte und Evolution. Sie zeigt sich nicht in der Öffentlichkeit. Diese Intelligenz wird von John A. Keel die „Ultra-Irdische" genannt. Jacques Vallee befürwortet auch eine ähnliche Hypothese.

Ultra-Irdische werden als überlegene, nichtmenschliche Wesen von natürlichem oder übernatürlichem Ursprung definiert, die einheimisch sind auf dem Planeten Erde. Aber diese Indigenität ist ziemlich fraglich. Diese „Ultra-Irdischen" könnten Teil einer viel größeren Einheit sein, die zahlreiche Planeten erfasst, oder sogar das ganze Universum. Und sie steuert eine ganze Legion außerirdischer Zivilisation, die sich etwa auf dem gleichen evolutionären und technischen Niveau befinden.

74 Das verborgene Alpha

Also, die Nichtmenschen befinden sich bereits hier auf der Erde, das sind die mächtigen Ultra- Irdischen.

94. Die Menschen sind sehr glücklich, solch einen großen Mond zu haben, dieses Glück haben aber nur wenige kosmische Zivilisationen.

Ohne unseren natürlichen Satelliten würden wir nicht existieren. Das Leben würde sich in den allerersten Phasen der Evolution befinden. Es würde eine viel dichtere, giftigere Atmosphäre geben, à la Venus. Die Tage würden nur einige wenige Stunden dauern. Orkane würden über die Erde herrschen. Die Temperaturen würden im Sommer glühend heiß sein. Trockene, eisige Winter würden auf der Tagesordnung stehen. Vernichtende Fluten würden sehr häufig vorkommen.

Wir pflegten in einem Erd-Mond-System zu leben, das manchmal auch Doppel-Planet genannt wurde. Die Größe des Mondes beträgt ein Viertel des Erddurchmessers (und 1/81 der Masse). Unsere Satelliten sind ein stabilisierender Faktor für die Rotationsachse unseres Planeten gewesen, was die Entstehung von komplexeren mehrzelligen Organismen ermöglichte, im Vergleich zu einem Planeten, wo aufgrund drastischer klimatischer Veränderungen nur kleine primitive Organismen überleben würden.

Wir sind vollkommen abhängig von unserem Weltraum-Partner. Planeten mit kleineren Monden könnten auch Leben hervorbringen, aber aufgrund der schwierigen Bedingungen nur primitive Zivilisationen.

Komplexe Sonnensysteme wie das unsere sind vielleicht erst in den letzten Milliarden Jahren ins Dasein gekommen.

Der Mond rückt von der Erde in eine höhere Umlaufbahn mit einer Geschwindigkeit von etwa 38 Millimetern pro Jahr. Wenn der Mond synchron zur Erddrehung wird, dann wird es zu keinem weiteren Rückgang kommen.

Aber nicht alle Zivilisationen haben das Glück den natürlichen Satelliten der richtigen Größe in einer stabilen Umlaufbahn zu haben. Einige Monde fallen wieder zurück auf den Planeten, wobei fast jedes Leben getötet, und höhere Tiere und intelligente Wesen vollkommen vernichtet werden.

Andere Monde weichen in den Weltraum zurück, was zu großen klimatischen Veränderungen führt, welche sich allmählich in ein klimatisches Chaos verwandeln, wobei in erster Linie die Zivilisationen zerstört werden und am Ende die höheren Tiere.

Mit dem raschen Rückzug des Mondes schwinden auch die Chancen einer Zivilisationen, zu gedeihen, oder sogar zu überleben.

Die hoch entwickelten kosmischen Rassen könnten einen Weg finden, die Umlaufbahn des zurückweichenden Mond zu steuern, eine künstliche zu bauen oder der Umlaufbahn einen weiteren Himmelskörper zuzustellen, um das lebenswichtige Planeten-Satelliten-System zu erhalten.

Eine Zivilisation, die nicht in der Lage ist, den zurückweichenden Mond zu bremsen, wird durch drastische klimatische Veränderungen zugrunde gehen.

76 Das verborgene Alpha

Also gibt es da draußen sehr viel Leben, aber Zivilisationen sind selten. Hoch entwickelte Zivilisationen sind sogar noch seltener. Und aufgrund der großen Entfernungen im Weltraum sind sie immer noch nicht hier, so wie wir nicht dort sind, und wir können einander nicht hören.

95. Um sich vor katastrophalen Ereignissen zu schützen, die zum Aussterben führen, wie Atomkrieg, biologische Kriegsführung, nanotechnologische Waffen, künstliche Intelligenzen, High-Tech-Industrie Unfälle usw., befolgen die außerirdischen Rassen strikt den Kodex einer strengen Kontrolle über Wissenschaft und Technologie, was eine Hemmung ihres technologischen Fortschritts darstellt wodurch sie niemals ihre Heimatplaneten verlassen.

96. Vielleicht sind wir das wissenschaftliche Experiment oder die Kosmologie-Hausaufgabe von jemandem, und diese Kreatur erschuf die Welt, so wie sie ist. Unter Berücksichtigung der schlecht gebauten menschlichen Körper, war der Student oder der Professor miserabel.

97. Es ist unmöglich oder sehr schwierig, Sonden und Raumschiffe herzustellen, sowie die Wartung hoher Maschinen, damit sie fortdauern und über Tausende von Jahren ordnungsgemäß funktionieren, um zwischen den Sternen reisen zu können.

98. Es gibt keine Ausserirdischen.

99. Wenn Wissenschaftler versuchen eine neue Art von Kristall zu synthetisieren, stellen sie oft fest, wie schwierig das ist. Doch jedes Mal, wenn es einem Chemiker gelingt, scheinen seine Kollegen auf der ganzen Welt ihre eigene Synthese der neu zusammengesetzten Chemikalie ziemlich schnell fertig zu stellen. Je öfter Sie die Chemikalie kristallisieren, desto leichter wird sie kristallisiert.

Rupert Sheldrake behauptet, dass es, für eine Chemikalie, die zum ersten Mal kristallisiert wird, noch kein morphisches Feld gibt, weil der Kristall vorher noch nicht existiert hatte. Im Laufe der Zeit sollte es einfacher werden zu kristallisieren, aufgrund der morphischen Resonanz vorheriger Kristalle.

Die morphischen Felder formen Galaxien, Moleküle, Gesellschaften, Pflanzen, Tiere, Intelligenzen... eigentlich alles in unserem Universum.

Vielleicht sind die Menschen die Zivilisation des „ersten Kristalls" im Universum. Die außerirdischen Intelligenzen verfolgen uns, eigentlich unser morphisches Feld. Auf der anderen Seite könnte unsere Zivilisation zusammen mit vielen anderen Weltraum-Brüdern, die Entwicklungsschritte einiger führenden Zivilisationen aufmerksam verfolgen. Es ist auch möglich, dass alle Kulturen unserer Art eng miteinander verbunden sind und einander folgen. Die bewährten Praktiken, Rituale, Sprachmuster, wissenschaftliche Aktivitäten, soziales Verhalten usw. werden schnell von einer Zivilisation auf die andere übertragen.

Deshalb gibt es keine großen Unterschiede zwischen den kosmischen Intelligenzen unseres Typs.

Über die morphische Resonanz könnte sogar unsere Erde viele „Duplikate" im ganzen Universum haben. Viele kosmische Zivilisationen könnten der Menschheit auffallend ähnlich sein.

Die Evolutionsvorgänge der Sterne, Planeten, des Lebens und der Intelligenzen sind nicht ganz zufällig, sondern werden von den morphischen Feldern synchronisiert.

100. Die hundertste Lösung des berühmten Fermi-Paradoxon ist die richtige.

3. KAPITEL

DER KAMPF UM DIE ZUKUNFT

Sie wissen, dass Sie erwachsen geworden sind,
wenn Sie aufhören an die Zukunft zu glauben.

Die Auflösung des Fermi-Paradoxon könnte sich als eine Kombination von mehreren der vorher genannten Hypothesen erweisen oder als Teile von diesen.

Es gibt noch keine wirklich befriedigende Theorie und Beweise, die die offensichtliche Abwesenheit von außerirdischen Zivilisationen erklären.

Beim Grübeln über das Fermi-Paradoxon ergibt sich die echte Frage, warum sie nicht durch die Galaxie reisen und warum sie nicht auf der Erde angekommen sind, denn für hoch entwickelte Zivilisationen, die uns weit voraus sind, gäbe es keine technischen Probleme durch den Weltraum zu reisen und ihn zu kolonisieren. Warum wir die Signale der Aliens oder Radio-Leckage (auch bekannt als die Große Stille) nicht erkennen können ist eine sekundäre Frage, nicht die wichtigste.

Das Fermi-Paradoxon fragt nicht danach, warum wir kein außerirdisches Leben, Artefakte oder außerirdische Funksignale gefunden haben. Es fragt, warum sie nicht auf der Erde angekommen sind.

80 Das verborgene Alpha

Andererseits, *silentium multiversi* ist ein wesentlich bedeutenderes Problem als die Frage Fermis „Wo sind sie?" Enrico Fermi berücksichtigte dabei nur die kosmischen Zivilisationen aus unserem Universum. Aber viel grundsätzlicher ist die Frage, warum die äußerst hochentwickelten Intelligenzen außerhalb unseres Universums mit uns offiziell keinen Kontakt aufnehmen oder uns nicht öffentlich besuchen. Warum ziehen es diese Gottähnlichen vor, außerhalb unserer Sichtweite zu bleiben?

Eine wirklich zufriedenstellende Hypothese, die eine Antwort gibt auf das Rätsel der außerirdischen Intelligenz, sollte all diese Fragen beantworten:

1. Warum beobachten wir keinerlei Aktivitäten außerirdischer Zivilisationen im Kosmos: Roboter-Raumsonden, Unfälle, Astro-Engineering, Kriege der Sterne, Raumschiffe, Kommunikationen, Signale oder Funkwellen-Leckagen usw.?

2. Warum besuchen außerirdische Intelligenzen aus unserem Universum nicht die Erde?

3. Warum nehmen die äußerst hochentwickelten Mega-Zivilisationen außerhalb unseres Universums keinen Kontakt mit uns auf oder warum besuchen sie uns nicht öffentlich?

4. Was sind diese Phänomene: UFO, Präkognition (Wissen über zukünftige Ereignisse, vor allem durch übersinnliche Mittel), Telepathie, Beobachtung von Levitation und Teleportation, Wunder, unmögliche Zufälle, Telekinese, schamanische Heilung, religiöse Phänomene, Männer in Schwarz, Visionen von mythologischen Kreaturen

usw.? Durch wen oder was und warum werden sie verursacht?

Eine Auflösung des Fermi-Paradoxon, welche nicht die früheren evolutionären Zyklen des Universums und die Anwesenheit von Mega-Zivilisationen aus früheren Universen oder solche die, außerhalb von diesen entstanden sind, berücksichtigt, ist nicht in der Lage, in befriedigender Weise, die große Frage über non-terrestrische Intelligenz, deren Haltung und Verhalten zu erklären. Wenn man die Tatsache der Existenz von Mega-Zivilisationen und die zyklische Entwicklung des Universums akzeptiert, wird das Bild des sich entwickelnden Universums, des Lebens und der Intelligenz stark verändert.

Die meisten der vorgeschlagenen Hypothesen vermuten, dass intelligente Spezies in einem konstanten Tempo entstehen, was durchaus sinnvoll erscheint, weil es Milliarden von Sternen gibt, die viel älter als unsere Sonne sind, und diese könnten Planeten haben, die in der Lage sind, Leben zu erhalten.

Die beliebte Gleichung, die von Frank Drake im Jahr 1961 formuliert wurde, hat sieben multiplikative Faktoren, welche die Anzahl der vermeintlichen Zivilisationen in unserer Galaxie, der Milchstraße, abschätzen. Die Gleichung (auch Green-Bank-Gleichung genannt) besagt $N = R_* \times f_p \times n_e \times f_l \times f_i \times f_c \times L$.

R_* - jährliche Sternbildungsrate innerhalb der Galaxie.

f_p - prozentualer Anteil der Sterne mit Planeten.

82 Das verborgene Alpha

n_e - Anzahl der für die Entstehung von Leben geeigneten Planeten.

f_l - Anteil der Planeten mit Leben.

f_i - Anteil der Planeten, auf denen sich intelligentes Leben entwickelt hat.

f_c - Anteil der Planeten mit Zivilisationen, die zur interstellaren Kommunikation befähigt sind.

L - Langlebigkeit (in Jahren) der technologischen Phase solcher Zivilisationen.

Die Drake-Gleichung unterstellt auch, dass kosmischen Intelligenzen in einer konstanten Rate entstehen, weil die Sterne sich kontinuierlich bilden, und viele von ihnen enthalten Planeten, die in der Lage sind, Leben aufrecht zu erhalten und intelligente Lebewesen zu entwickeln. Aber waren all diese hochentwickelten Zivilisationen dabei, das Universum zu erforschen und zu kolonisieren? Die jungen Zivilisationen, wie wir es sind, sind noch immer nicht in der Lage, jenseits der Sterne zu reisen. Ihre primitiven Astronomieinstrumente können die Galaxie nicht in befriedigender Weise erkunden, ihre elektromagnetische Strahlung befindet sich noch in der Nähe ihres Heimatplaneten und ist viel zu schwach, um von groben Instrumenten aus großer Entfernung entdeckt zu werden.

Da die Schätzungen für jeden der sieben Faktoren stark variieren kann, formulieren die Fans der Extraterrestrischen oft eine sehr große Anzahl von außerirdischen intelligenten Spezies, aber für die Skeptiker (die meisten Wissenschaftler glauben, dass die Skepsis das Herz der Wissenschaft ist), ist es ebenso einfach, eine sehr kleine Anzahl von außerirdischen Zivilisationen zu berechnen, meist sehr nahe bei Null.

Eine der beliebtesten Antworten auf das Fermi-Paradoxon ist, dass intelligentes Leben in unserer Galaxie selten ist, und aus diesem Grund können wir immer noch keine Beweise für außerirdische kluge Lebewesen finden und diese besuchen unseren Planeten nicht. Das Buch „*Seltene Erde: Warum komplexes Leben im Universum unwahrscheinlich ist*" von Peter Ward und Donald Brownlee diskutiert diese Fragen im Detail.

Die Seltene-Erde-Hypothese ist nicht in der Lage die Fermi-Frage zu beantworten. Es ist ein typisches Beispiel für limitiertes Denken, da nicht die begrenzte Zahl der Zivilisationen in der Milchstraße das Problem ist, sondern ihr Alter. Nur einige wenige hochentwickelte Zivilisationen könnten die Galaxie in nur einigen hunderttausend Jahren kolonisieren. Sie könnten ihre Anwesenheit innerhalb kürzester Zeit aufgrund der Funksignale und des elektromagentischen Rauschens, das von vielen kolonisierten Planeten in großen Mengen emittiert wird, innerhalb kürzester Zeit mehr als offensichtlich machen. Die Atmosphäre der technologischen Planeten erzählt auch Geschichten. Jede Zivilisation verursacht Entropie, und es ist nicht möglich diese zu verbergen. Und am wichtigsten ist, sie oder ihre Roboter-Vertreter würden auch auf der Erde sein.

84 Das verborgene Alpha

Aber wir sehen keine Beweise einer solchen Aktivität der Außerirdischen. Was könnte das Problem sein? Sind unsere Geräte zu primitiv? Sind noch keine kraftvollen, außerirdischen elektromagnetischen Wellen auf der Erde angekommen? Gibt es keine Außerirdischen?

Beim Versuch, das gegenwärtige Scheitern der SETI-Forschung bei der Entdeckung von außerirdischen Zivilisationen zu erklären, sagte Frank Drake bei einem Treffen der Royal Society in London, dass das Auslaufen der analogen Übertragungen von TV, Radio und Radar, unseren Planeten, vom Weltraum aus, elektronisch unsichtbar macht, da, während ein TV-Sender im alten Stil eine Million Watt erzeugen könnte, die Leistung eines digitalen Satelliten-Signals bei etwa 20 Watt liegt.

Die digitale Revolution macht die Zivilisationen nicht unsichtbar für die außerirdische Suche. Im Gegenteil, die elektromagnetische Strahlung unserer Zivilisation wird immer stärker und wir senden eine zunehmende Menge von Radiowellen in den Weltraum.

Heute funktioniert das digitale Signal des WHKY-TV (ein unabhängiger Fernsehsender in North Carolina) mit 600.000 Watt, das entspricht in etwa 1,2 Millionen Watt bei einem analogen Sender. Die Station verfügt derzeit über eine Baugenehmigung, um ihre Leistung auf 950.000 Watt zu steigern.

CBS 8 hat seinen analogen Sender im Herbst 2008 abgeschaltet. Nun wird ein digitales Signal bei einer Million Watt ausgesendet.

Am 6. Juni 2011, gewährte die Federal
Communications Commission WAND, einer NBC-
verbundenen TV-Station, eine Durchführungsgenehmigung,
um ihre digitale Frequenz zurück zur ehemaligen analogen
Zuteilung zu bringen, und ihr digitales Signal bei maximal
1.000.000 Watt zu betreiben.

Radare von Militär und Wissenschaft senden auch
mehrere Millionen Watt aus.

Das Übertragungseinrichtungssystem HAARP ist
offiziell in der Lage, rund 3,6 Millionen Watt
Hochfrequenzleistung zu produzieren. Das gepulste oder
kontinuierliche Signal wird in die Ionosphäre gesandt. Nach
Ansicht einiger Forscher, kann die Ausgangsleistung bis zu
300 Millionen Watt erreichen und das Militär hat Patente,
diese Leistung bis über 100 Milliarden Watt zu steigern.
Diese hohen Zahlen von Milliarden Watt sind offiziell noch
nicht bestätigt.

Die russische Raketenabwehr und das
Frühwarnradar Don-2N, die auch Weltraumfahrzeuge
verfolgen können, sind in der Lage, den Luftraum in einer
Höhe von 40.000 km (24.860 Meilen) zu überwachen. Es
überträgt extrem leistungsfähige Radio-Impulse von 250
Millionen Watt. Russland hat noch leistungsfähigere
Radargeräte. Die anderen großen militärischen Mächte der
Welt verfügen über ähnliche Radarsysteme.

Die Zivilisationen verwenden leistungsstarke Signale
in der Radioastronomie, um die lokalen Sternensysteme zu
erforschen und zur Kommunikation mit ihren Sonden und
Raumschiffen.

86 Das verborgene Alpha

Die Anzahl der TV-Sender, Radare von Militär und Wissenschaft, und so weiter, in der ganzen Welt und Umlaufbahn steigt weiter an, genau wie ihre Leistung.

Der Gesamtanteil der elektromagnetischen Geräusche von den bewohnten Planeten wächst ebenfalls. Die elektromagnetische Strahlung der Erde wird sich über Tausende von Lichtjahren entfernen.

Die digitale Revolution macht die Zivilisationen viel sichtbarer für die außerirdische Suche.

Einige Gelehrte, darunter Stephen Hawking, sind darüber besorgt, dass das vorsätzliche Entsenden von Funksignalen in den Weltraum und die Leckstrahlung eine ernste Gefahr sein könnte, weil wir damit die Position unseres Planeten den feindlichen außerirdischen Zivilisationen enthüllen.

Es hat sogar Forderungen gegeben, nach einem Moratorium für gezielte Radiosendungen in den Weltraum, um die Aufmerksamkeit von den Außerirdischen zu gewinnen.

Es gibt absolut keinen Grund zur Sorge. Die hoch entwickelten Zivilisationen unserer Galaxie wissen, dass wir existieren und sie wissen auch ganz genau, wo wir sind. Allein die Spektralanalyse der Atmosphäre der Erde ist genug, um uns zu offenbaren, weil sie spezifisch ist für Planeten mit komplexem Leben und technologischen Zivilisationen. Wir können unsere Atmosphäre nicht verbergen.

Nach dem zweiten Hauptsatz der Thermodynamik, schaffen die hoch entwickelten Zivilisationen Entropie in Form von Abwärme, die in den Weltraum zieht. Es ist unmöglich, das leise Glühen der Entropie zu verbergen.

Die technologisch entwickelten Zivilisationen unserer Galaxie wissen wo wir sind und auf welchem Entwicklungsstand wir uns befinden.

Für die Mega-Zivilisationen sind wir wie ein Monopoly-Spiel auf dem Tisch, bei belegten Brötchen und Bier. Wir sind vollkommen sichtbar, zugänglich, manipulierbar und erreichbar.

INTELLIGENZZONE DER GALAXIE

Guillermo González von der Iowa State University und seine Mitarbeiter haben, im Jahr 2001 als erste das Konzept der habitablen Zone der Galaxie (Galactic Habitable Zone GHZ) eingeführt. Die GHZ ist die Region, wo komplexes Leben am ehesten entstehen und gedeihen kann, deren Grenzen festgelegt sind durch die relativ sichere Umgebung des Weltraums und den direkten Zugang zu den erforderlichen Chemikalien, die für den Bau eines bewohnbaren Planeten und anspruchsvolle Biochemie erforderlich sind.

In dem Artikel *The Galactic Habitable Zone and the Age Distribution of Complex Life in the Milky Way*, welcher in der Fachzeitschrift *Science* am 2. Januar, 2004 veröffentlicht wurde, identifizierten die australischen Forscher Charles H. Lineweaver von der University of New

88 Das verborgene Alpha

South Wales, Brad K. Gibson von der Swinburne University, sowie Yeshe Fenner von der Macquarie University das Gebiet der habitablen Zone der Galaxie.

Ihrer Ansicht nach ist die Zone vor etwa 8 Milliarden Jahren erschienen, und es ist eine ringförmige Region auf dem Niveau der galaktischen Scheibe, zwischen 23.000 und 30.000 Lichtjahren vom Zentrum der Galaxie entfernt. Die GHZ erweitert sich mit der Zeit, da sich die Metallizität in der Galaxie nach außen verbreitet und die Anzahl der vernichtenden Supernova-Explosionen zurückgegangen ist. Die habitable Zone der Galaxie setzt sich aus Sternen zusammen, die vor 4 bis 8 Mrd. Jahren entstanden sind. Die Zone verfügt über die gebührenden Schwermetalle, die notwendig sind, um Planeten vom terrestrischen Typ zu bilden, ein stabiles Milieu über mehrere Milliarden Jahre, um komplexes biologische Leben zu ermöglichen, und sie ist frei von den, das Leben zerstörenden Supernova-Explosionen, welche verheerende Druckwellen auslösen und tödliche Gamma-Strahlen, kosmische Strahlen und Röntgenstrahlen freisetzen.

Der Aufbau von Metallen in den Galaxien ist eine Funktion der Zeit. In den inneren Regionen unserer Galaxie haben sich in frühen Phasen der galaktischen Entwicklung schnell Metalle angesammelt. Mit zu viel Metallizität, zerstören riesige Planeten Erdmasse-Planeten. Die sehr weit entfernten Gebiete blieben unzureichend, was Metalle betrifft. Die werden aber benötigt, damit sich erdähnliche Planeten bilden können. Mit allzu geringer Metallizität können sich keine Erdmasse-Planeten bilden.

Im Einklang mit der Analyse der australischen Forscher, könnten zehn Prozent der Sterne in unserer Galaxie die richtigen Voraussetzungen schaffen, um komplexes Leben zu erhalten, vielleicht 10 bis 40 Milliarden Sterne. Und die meisten dieser Sterne sind durchschnittlich ein Milliarde Jahre älter als die Sonne, wobei theoretisch viel mehr Zeit für die Entwicklung von Leben eingeräumt ist.

Die Intelligenzzone der Galaxie (Galactic Intelligence Zone GIZ) ist die Region, in der komplexe Intelligenz entsteht, und über eine lange Zeit überleben und gedeihen könnte, deren Grenzen sich innerhalb der habitablen Zone der Galaxie befinden, der Wiege von komplexem Leben. Diese entstand später als die GHZ und ist auch kleiner als die GHZ.

Wenn wir annehmen, dass es in der Milchstraße einige tausende außerirdische Zivilisationen gibt, und diese relativ gleichmäßig über die Intelligenzzone der Galaxie verteilt sind, dann sollten sie nur etwa ein paar hundert Lichtjahre voneinander und auch von der Erde entfernt sein. Natürlich ist die Verteilung der Zivilisationen nicht vollkommen gleichförmig. Auf der anderen Seite ist das Universum im größeren Rahmen gleichförmig, und wir sollten mehr oder weniger das gleiche Verteilungsmuster der Intelligenzen auf die ganze Galaxie erwarten.
Bei einer solch kurzen Entfernung könnten wir ziemlich bald in der Lage sein, zu sehen und zu hören wie unsere kosmischen Nachbarn über anspruchsvolle

astronomische Instrumente verfügen. Natürlich sollten sie ihre technologische Entwicklung vor mehr als einigen hundert Jahren begonnen haben, so dass deren Funksignale die Erde erreichen könnten. Unsere Signale sind immer noch in der Nähe des Sonnensystems und die Außerirdischen sind nicht in der Lage, unsere schwache Radio-Leckage aus einer Entfernung von mehr als 100 Lichtjahren wahrzunehmen.

Mit den entsprechenden Astronomieinstrumenten, könnten wir Signale von älteren Zivilisationen wahrnehmen, sollte es welche geben. Sie sollten wesentlich älter sein und sie müssen der Erde relativ nahe sein. Wenn eine Zivilisation 50.000 Lichtjahre von der Erde entfernt ist und vor kurzem seine Radio-, TV- und Radar-Aktivität aufgenommen hat, genau wie die Menschen, müssen wir 50.000 Jahre warten, bis deren Signale bei unseren Astronomieinstrumenten im Sonnensystem ankommen. Solch eine Zivilisation sollte zumindest 50.000 Jahren älter sein als die unsere, damit wir deren Radiowellen wahrnehmen können und ausrufen: „Wow, ein Signal, es gibt intelligentes Leben da draußen!"

Theoretisch wenn es in unserer Galaxie 3000 Zivilisationen auf etwa dem gleichen technologischen Entwicklungsstand gibt, und sie relativ gleichmäßig über den Weltraum verteilt sind, wären die nächst gelegenen außerirdischen Rassen rund 500 Lichtjahre von uns entfernt. Wir können ihre Signale nicht wahrnehmen, weil die elektromagnetischen Wellen immer noch nicht auf der Erde ankommen. Menschen senden Funkwellen seit bereits 100 Jahren, TV-Signale seit etwa 70 Jahren. Menschliche Radio- und TV-Stationen und Radaranlagen emittieren erst seit den letzten Jahrzehnten wirklich starke Signale in den Weltraum. Unsere Signale haben auch nicht unseren Weltraum-Nachbarn erreicht, und auch diese würden sich fragen, ob sie alleine im Weltraum sind. Selbst wenn sie uns technologisch 400 Jahre voraus wären, hätten deren Signale noch keine Zeit gehabt, um die Erde zu erreichen.

Bei einer Reisegeschwindigkeit von 10 Prozent der Lichtgeschwindigkeit, was für die menschliche Technologie noch nicht machbar ist, würde deren unbemannte Sonde nach 5000 Jahren auf der Erde ankommen. Die Geschwindigkeit des Raumschiffes ist nicht das einzige Problem. Die Menschen sind noch immer nicht in der Lage, eine komplizierte Maschine anzufertigen, die über 5000 Jahre kontinuierlich und ordnungsgemäß funktionieren könnte. Raumfahrt, die schneller ist als Licht und ähnlich der Lichtgeschwindigkeit, ist für die Bewohner des Universums verboten.

Frank Drake und Carl Sagan haben geschätzt, dass es vielleicht eine Million intelligenter Zivilisationen in der Milchstraße gibt.

Wenn die Anzahl der intelligenten Rassen bei etwa 1 Million liegt, dann würden sie viel näher sein, etwa 50 bis 100 Lichtjahre voneinander entfernt. In diesem Fall wäre es einfacher für uns, die Signale der Außerirdischen wahrzunehmen. Die elektromagnetischen Signale würden nicht so schwach sein, und die Zivilisationen könnten so jung sein wie unsere Zivilisation, damit deren elektromagnetische Strahlung die Erde erreichen.

92 Das verborgene Alpha

Wenn die Anzahl der kosmischen Rassen in der Galaxie bei etwa 100 liegt, dann würden sie sehr viel weiter voneinander entfernt sein, etwa 1000 bis 2000 Lichtjahre. In diesem Fall wäre es schwieriger, Signale von den Außerirdischen zu empfangen und uns gegenseitig zu besuchen.

Natürlich kann die Zeit für die Kolonisierung der Galaxie, die Anzahl der Zivilisationen und der Altersunterschied der kosmischen Zivilisationen variieren, aber nach dieser Methode können wir einen wichtigen Aspekt des Fermi-Paradoxon etablieren. Es ist unmöglich, eine Galaxie voller Zivilisation zu bekommen, von denen die meisten noch keinen Kontakt miteinander hatten oder keine Beweise haben von der Existenz der anderen Weltraum-Intelligenzen, wenn der Altersunterschied der Zivilisationen zu groß ist.

Die Schätzungen basieren auf der sehr konservativen Bestimmung, dass die bewohnbare Zone der Galaxie (GHZ) im Bereich zwischen 26,000 bis 28,000 Lichtjahren vom galaktischen Zentrum rangiert, und etwa 1000 Lichtjahre dick ist. Einige Untersuchungen schätzen, dass die Größe der GHZ zwischen 23.000 und 30.000 Lichtjahren liegt, was bedeutet, dass die Abstände zwischen den Zivilisationen größer sind.

Forscher produzieren normalerweise große Altersunterschiede zwischen den kosmischen Rassen - Millionen, Hunderte von Millionen oder sogar Milliarden von Jahren - unter der Berücksichtigung, dass das Universum vor etwa 13,7 Milliarden Jahren entstanden ist, und unter der Annahme, dass die intelligenten Lebewesen mit konstanter Geschwindigkeit entstehen. Aber diese Vorstellung lauft gegen eine Wand namens Fermi-Paradoxon.

Bei diesen Schätzungen lasse ich die Hypothese unberücksichtigt, dass das Universum außerhalb unseres Sonnensystems nicht existiert, und wir nur eine anspruchsvolle Simulation beobachten. Den Berechnungen nach ist das Universum mehr oder weniger das, was wir beobachten und was wir denken, das es ist. Die Realität könnte sich als sehr verschieden von dem Paradigma der aktuellen Wissenschaft erweisen. Jedenfalls ist das gegenwärtige, halb realistische Bild der Wissenschaft ein unausweichlicher Schritt in der Entwicklung der Zivilisationen.

Fermi sollte ausgerufen haben: „Wo sind all diese viel älteren außerirdischen Zivilisationen?" anstelle von „Wo sind denn alle?"

Alle sind dort drüben. Aber sie sind noch immer nicht in der Lage auf die Erde zu kommen, so wie wir noch nicht in der Lage sind dorthin zu gehen.

94 Das verborgene Alpha

ERFORSCHUNG UND KOLONISIERUNG

Die Erforschung und Besiedlung der Galaxie könnte in drei größeren Wellen erfolgen:

Die erste Welle bestünde in der Aufklärung und Erforschung des Universums anhand von Astronomieinstrumenten. Roboter-Sonden und bemannte Raumschiffe durchstreifen das lokale Sternsystem. Die Zivilisationen entdecken sich gegenseitig.

Die zweite Welle basiert auf einer weiterentwickelten Technologie. Hohe Maschinen bauen im Weltraum, auf Satelliten und auf Kraftwerken unbemannter Raumkörper, auf Tankstellen und Wartungsstationen, auf Weltraumhäfen, Infrastrukturen, Roboterfabriken. Sie sind in der Lage, praktisch alles innerhalb der technologischen Leistungsfähigkeit einer bestimmten Intelligenz herzustellen usw. Die hohen Maschinen sind Erweiterungen der biologischen itelligenten Lebewesen. Sie sind deren Gehirne, Hände, Augen, Ohren und Beine in den anderen Welten. Die hohen Maschinen sind „wir" dort.

Die Zivilisationen schaffen Schritt für Schritt ein String-Netzwerk im Weltraum und beginnen in hohem Ausmaß Informationen auszutauschen. Dies ist eine vorwiegend technologische Welle.

Die dritte Welle bestünde aus der bemannten Kolonisierung des Weltraums und aus massiven interstellaren Reisen von Maschinen und Lebewesen. Auf dieser Stufe der Entwicklung ist „Kreatur" eine ziemlich fragwürdige Definition, da die Verschmelzung von Biologie mit Elektronik, Mechanik, Kunststoffen, Nano-Robotern, und so weiter, geläufig sein werden.

Die räumliche Ausdehnung der Zivilisationen wird für jede kosmische Intelligenz in zwei wichtigen Bereichen erfolgen. Im inneren Bereich, der viel kleiner ist, befinden sich die biologischen Kreaturen. Der äußere Bereich ist viel größer, es ist der Bereich der Weltraum-Sonden mit hohen Maschinen.

In den meisten Fällen wird die erste physische Berührung der kosmischen Zivilisationen in den äußeren Bereichen der Erforschung und Kolonisierung erfolgen, die von Maschinen durchdrungen sind. Nur gelegentlich wird es lebende Kreaturen geben.

Die ersten Zusammenstöße werden zwischen den äußeren Wellen stattfinden, also zwischen den hohen Maschinen der Zivilisationen.

Die technologische Kolonisierung der gesamten Galaxie könnte tatsächlich sehr schnell erfolgen, in nur 10.000 Jahren, weil die kolonisierenden Arten die Raumschiffe antreffen werden, sowie die Sonden, hohe Maschinen und Lebewesen anderer Zivilisationen. Und sie werden ein großes galaktisches Netzwerk erstellen, ebenso wie das zeitgenössische Internet die ganze Erde verbindet. Egal in welchem Land Sie leben, haben Sie Zugang auf die ganze Welt. Das globale terrestrische Dorf wird zu einem galaktischen Dorf heranwachsen.

Der moderne Mensch und die menschliche Gesellschaft sind vor etwa 20.000 Jahren zum Vorschein gekommen. Die primitive menschliche Zivilisation begann mit der Zähmung von Pflanzen und Tieren, sie bauten große, hüttenartige Behausungen, zweistöckige Hütten, sie schufen Kunst, schöne farbige Kleidung, komfortable Wohnungen, Küchengefäße- und Werkzeuge aus Keramik, Stein, Holz und Knochen, Hausmannskost, Schmuck, Musikinstrumente, sie sangen Lieder, machten ausgedehnte Reisen in die Ferne, betrieben Handel, bauten Boote, besiedelten Amerika.

Es dauerte 20,000 Jahre, bis sich die Menschheit von den Hüttensiedlungen zum globalen Dorf entwickelt hat. Es wird weitere 10.000 Jahre dauern, um den Schritt vom globalen Dorf zum galaktischen Dorf zu machen. Die Menschen müssen nicht persönlich alle entlegenen Regionen der Milchstraße erreichen. Tausende von kosmischen Zivilisationen bauen ihre fortschrittlichen Gesellschaften auf und erforschen ihre Nachbarschaft im Weltraum, und wir werden uns ihren Kommunikationsnetzwerken im Weltraum anschließen, so dass wir Zugriff bekommen, auf ein enormes Wissen und Technologien.

Die Weltraum-Zivilisationen werden heftig konkurrieren, aber sie werden auch kooperieren.

Das galaktische Netzwerk wird in Form eines kleinen Clusters von einigen miteinander verbundenen Zivilisationen beginnen. Über dieses galaktische Netzwerk werden die Zivilisationen eine Vielzahl von Informationen austauschen und die niedrigeren Völker werden technologisch aufholen. Natürlich wird es immer führende Zivilisationen geben, aber eine gewisse Angleichung ist unvermeidlich.

Mit einer Art künstlicher Weltraumportalen oder Sternentoren könnten die Zivilisationen in der Galaxie innerhalb weniger Stunden herumreisen. Dieses Transportsystem sollte jedoch überall auf der Galaxie gebaut und geliefert werden. Das wird tausende von Jahren dauern.

Machbar oder nicht, es würde einen großen Ansturm geben auf die Technologie, um schneller als die Lichtgeschwindigkeit zu reisen, denn, sollte es gelingen, dann würde dies das Leben der künftigen Generationen in unserem Universum bestimmen. Egal ob eine kosmische Rasse dies entdecken würde oder es von anderen Zivilisationen verwerten würde wäre dies einer der wichtigsten Schritte in der Entwicklung der Intelligenz. Zivilisationen, die diesen wichtigen Schritt nicht durchführen, würden hinter die Geschichte des Universums fallen, zuerst bildlich, dann aber auch wörtlich. Daher steht der Ansturm auf eine Reisetechnologie mit höherer Geschwindigkeit als das Licht unmittelbar bevor. Die kosmischen Zivilisationen werden unsere Galaxie mit 10 bis 30 Prozent der Lichtgeschwindigkeit kolonisieren.

Die Galaxie ist ein riesiger Platz. Selbst wenn eine Superzivilisation ein Antriebssystem, das schneller ist als Licht, entdeckt und sich zweimal so schnell wie das Licht fortbewegen kann, würde eine Reise von einem Rand der Galaxie bis zum anderen 60.000 Jahre dauern.

Die Besiedlung der Galaxie wird eine kollektive Arbeit sein, kein Bestreben von einer einzelnen oder nur einigen wenigen Zivilisationen. Alle kosmische Rassen

werden ihre kolonisierten Räume technologisch
zusammenlegen und damit die Intelligenzzone der Galaxie
vergrößern, die, im Laufe der Jahrhunderte immer größer
wird und sie wird über den Rand der bewohnbaren Zone der
Galaxie und der Galaxie selbst laufen.

EIN FENSTER DER GELEGENHEIT

Im Jahr 1987, veröffentlichten R. Cann, M.
Stoneking, und A. Wilson den Artikel *Mitochondrial DNA
and Human Evolution* in der Zeitschrift *Nature*, und
berichteten über ihre Entdeckung des gemeinsamen
matriarchalen Vorfahren aller Menschen. Ihre Theorie
basiert auf der Verwendung von DNA aus den
Mitochondrien, um die ganze genetische Vielfalt der
Menschheit auf ein weibliches Wesen zurückzuverfolgen,
daher der Name „Mitochondriale Eva". Sie wurde vor etwa
200 000 Jahren in Afrika ins Leben gerufen.

Mitochondriale Eva, also der Entstehungspunkt des
modernen Menschen auf der Erde, ist ein einmaliges
evolutionäres Ereignis.

Die Tiere sind eigentlich geeignete Kandidaten, um
zu einer intelligenten Spezies zu werden, warum tun sie das
nicht? Das ist eines der größten Geheimnisse der
biologischen Evolution. Nach der Darwinschen Theorie
sollten sich entsprechende niedrigere Arten ständig
weiterentwickeln und zu intelligen Lebewesen werden. Aber
es ist, als hätte nach der Entstehung des *Homo*, die
Evolution aufgehört weitere intelligente Spezies zu

produzieren. Warum gibt es keine weiteren intelligenten Arten auf der Erde?

Es gibt auch überhaupt gar keine Kandidaten, die klug werden könnten. Warum?

Die Umweltbedingungen waren, und sind immer noch, angemessen und es gibt genügend geeignete Tierarten, wie Affen, Delphine und andere. Es gibt eine Tendenz in der Fossiliensammlung, die zeigt, dass Tiere dazu neigen, schlauer zu werden. Die Komplexität des zentralen Nervensystems und die Enzephalization hat sich, auf unserem Planeten, im Laufe der Evolution, erhöht.

Also was ist falsch an diesen Tieren oder an der Evolutionstheorie? Oder gibt es einen unbekannten Faktor (oder Faktoren), welcher die Entwicklung der Arten und der Intelligenz beeinflusst?

Die Naturgeschichte auf der Erde zeigt, dass es Fenster der Gelegenheiten gibt, welche den verschiedenen Phasen des sich entwickelnden Lebens den Anfang geben. Nachdem die neuen Spezies entstanden sind, schließt sich das Fenster (ist die Gelegenheit vorüber) und die neu erschienen Lebewesen werden der natürlichen Selektion unterworfen, bis zum nächsten Quantensprung. Die Entwicklung scheint nicht reibungslos voranzugehen, sondern sie weist in ihrer Komplexität in sehr kurzen Zeiträumen große Sprünge auf. Das bekannteste Beispiel ist die kambrische Explosion.

Die Punktualismus Theorie (punctuated equilibrium theory) besagt, dass sich die Arten über längere Zeiträume langsam entwickeln, sich dann aber, aufgrund von Stress oder anderen Faktoren (noch unbekannt), sehr schnell entwickeln. Geologisch gesehen, fast augenblicklich.

Leben auf der Erde hat eine sehr lange evolutionäre Geschichte, noch lange vor der Entstehung unseres Heimat-Universums. Deshalb ist das Leben auf unserem Planeten so unglaublich erfolgreich und weit über, der von zufälligen Ereignissen regierten Evolution. Auf der Erde kam Leben auf, sobald die Umgebung dafür stabil genug wurde, um dies zu ermöglichen.

Nach dem Tod unseres Universums wird ein neues beginnen und unsere evolutionäre Geschichte wird, zusammen mit den vorherigen, ein Entwurf für neues Leben und Intelligenz.

Im allgemeinen ist die Vergangenheit der vorherigen Evolutionen unsere Gegenwart und unsere Zukunft.

Alle 26 Stämme, das sind Klassen von Organismen, die den gleichen Körperbau haben, sind auf unserem Planeten, fast gleichzeitig, zu Beginn des Kambriums entstanden. Dies könnte nicht geschehen, ohne, dass irgendeine vorherige evolutionäre Erfahrung irgendwo gespeichert wäre. Alle strukturellen Baupläne aller unterschiedlichen Arten erschienen plötzlich (aus geologischer Sicht) und gleichzeitig, und seitdem haben keine wesentlichen Veränderungen stattgefunden, es sind keine neuen Typen jemals dazugekommen, es gibt keine Übergangsformen. Dies ist nicht vereinbar mit dem Darwinismus, dem Neo-Darwinismus, oder sonst einer auf der natürlichen Selektion basierenden Evolutionstheorie.

Das rasche Erscheinen von Fossilien in den „ursprünglichen Schichten" wurde von Wissenschaftlern des 19. Jahrhunderts bemerkt. Charles Darwin sah es in seiner bahnbrechenden Arbeit *Über die Entstehung der Arten durch natürliche Zuchtwahl*, 1859, als einer der wichtigsten Einwände, die gegen seine Theorie der Evolution aufgrund der natürlichen Selektion gemacht werden könnten.

Aber worin könnte der evolutionäre Vorteil solcher Fenster der Gelegenheiten für die Natur liegen?

Das biologische Leben und die gesamte Geschichte der Menschheit auf der Erde sind eigentlich eine Geschichte der harten Konkurrenz und Kampf um das Überleben: zwischen dem Cro-Magnon-Menschen und den Neandertalern, zwischen Zellen, Staaten, Unternehmen, Arten, Religionen, Sprachen, Einzelpersonen... Nichts und niemand kann dem entfliehen.

Der *Homo sapiens* musste sich mit keinen rivalisierenden Arten auseinandersetzen, seit dem Aussterben der Neandertaler (wurden diese in Reserve gehalten, um als Ersatz zu dienen, falls die Cro-Magnon-Menschen dazu nicht in der Lage wären?) Jetzt konkurrieren die Menschen untereinander, aufgeteilt in viele Arten von wettbewerbsfähigen Gruppen: Sport-Teams, Familienclans, Geschlechter, politische Parteien, Länder, soziale Bewegungen, Religionen, militärische Bündnisse, Kunstrichtungen, und so weiter.

Das Ausmaß der Gruppenkonkurrenz wird immer größer. In den frühen Tagen der Menschen gab es sie zwischen den Stämmen, jetzt gibt es sie zwischen den Staaten, und morgen spielt sie sich im Weltraum ab, zwischen den Zivilisationen unserer Galaxie.

Die Idee der schnellen Entwicklung und Fitness ist von zentraler Bedeutung für die Evolutionsbiologie. Der harte Wettbewerb zwischen den Zivilisationen im Universum gehört zu den wichtigsten Faktoren, welche über den kürzest möglichen Zeitraum zahlreiche kosmische Nachkommenschaft von hoher Qualität garantieren.

Die intelligenten Rassen können nur dann erfolgreich konkurrieren, wenn sie sich etwa auf dem gleichen Entwicklungsstand befinden. Das Mittel zum Erfolg ist der Wettbewerb (und Kooperation) zwischen Gleichen. Zu große Unterschiede in den Entwicklungsstufen bedeutet die Vernichtung der später entstehenden Zivilisation.

So gibt es ein relativ begrenztes Zeitfenster für den Beginn der Intelligenz im Universum, und die Weltraum-Zivilisationen sind etwa zur gleichen Zeit entstanden, um eine Vielfalt, Qualität und eine große Anzahl an intelligenten Arten bereitzustellen. Die Natur duldet keine Verlierer.

4. KAPITEL

AUSSERIRDISCHE MIKROBEN

Wieviel rüstige Männer, schöne Frauen und
blühende Junglinge, aßen noch am Morgen mit
ihren Verwandten, Gespielen und Freunden, um am
Abend des gleichen Tages in der andern Welt mit
ihren Vorfahren das Nachtmahl zu halten!
—Giovanni Boccaccio in *Das Dekameron* über die,
als schwarzen Tod bezeichnete Pest

Außerirdische Lebensformen, die sich im ganzen
Weltraum mit Roboter-Sonden oder Raumschiffen mit
außerirdischen Crews verbreiten, sind eine beliebte
Vorstellung in Science-Fiction-Werken, in der
populärwissenschaftlichen Literatur, und sogar in einer
steigenden Zahl von wissenschaftlichen Arbeiten.

Im Einklang mit einer Hypothese von Thomas Gold
von der Cornell University, veröffentlicht im Mai 1960 in
dem Artikel *Cosmic Garbage (Air Force and Space Digest
Magazine)*, soll das Leben auf der Erde als Folge einer
zufälligen biologischen Verunreinigung durch Besucher von
einem anderen Planeten begonnen haben. Er stellte sich ein
Picknick mit einigen außerirdischen Reisenden vor. Die
Außerirdischen ließen ein paar Krümel von Lebensmitteln

mit fremden Mikroorganismen fallen, die der terrestrischen Flora und Fauna den Anfang gaben.

Francis Crick, der Mitentdecker der Struktur der DNS (DNA), unterbreitet den Vorschlag einer geregelten Panspermie: Verbreitung von einzelligen Organismen über die gesamte Galaxie. Im Jahr 1973, schrieben Crick und Leslie Orgel den Artikel *Directed Panspermia*, veröffentlicht in *Icarus*, Ausgabe19. Sie präsentierten die Hypothese, dass das Leben von einer außerirdischen Quelle auf die Erde exportiert wurde, als vorsätzliche Handlung einer außerirdischen Zivilisation. Die Autoren des Artikels behaupten „dass, anderswo in der Galaxie, *bereits vor der Entstehung der Erde,* technologische Gesellschaften existierten." Die Mikroorganismen wurden auf unserem Planeten abgeliefert, in unbemannten, mit ausreichendem Schutz konzipierten Raumfahrzeugen, um sie, während der langen Reise, am Leben zu halten. Crick und Orgel regten in ihrer Arbeit menschliche Wissenschaftler dazu an, ein Raumschiff zu bauen, das in der Lage wäre, große Proben von Mikroorganismen zu transportieren. Eine Nutzlast von 1000 kg könnte 10 Proben mit jeweils10^{16} Mikroorganismen enthalten, oder 100 Proben von 10^{15} Mikroorganismen „damit könnten wir die meisten Planeten der Galaxie infizieren..."

Iosif Shklovskii und Carl Sagan, legten in ihrem Buch *Intelligentes Leben im Universum*, im Jahr 1966 nahe, dass möglicherweise das Leben auf der Erde von anderen Zivilisationen ganz bewusst ausgesät worden ist.

Laut Professor Michael Mautner von der Virginia Commonwealth Universität, ist es unsere moralische Pflicht, irdisches Leben auf dem Universum auszusäen. Im Jahr 1995 gründete er die Interstellare Panspermia Gesellschaft (Interstellar Panspermia Society), mit folgenden Zielen: „Um unsere Familie organischen Lebens auf der Milchstraße und darüber hinaus zu verbreiten. Wir regen dazu an, junge Planetensysteme auf sternbildenden interstellaren Wolken auszusäen. Wir werden gezielte Panspermie-Missionen entwerfen, wobei im Jahr 2050 die mikrobiellen Vertreter des Lebens befördert werden."

Die mikrobielle Nutzlast soll mit Raumschiffen, Asteroiden und Kometen in den Weltraum geschickt werden.

Sie planen, große Mengen kleiner Kapseln voll von Mikroorganismen, verpackt in abgeschirmten Behältern, direkt in den gesamten Weltraum zu schicken.

Befürworter der Panspermie schlagen vor, Kometen mit terrestrischen Mikroorganismen auszusäen und diese in den interstellaren Weltraum auszustoßen, in die Richtung anderer Sternensystemen, um diese zu befallen. Während des Perihels wird natürliches Schmelzen erfolgen, und die Mikroorganismen werden sich vermehren. Dann wird der Komet auf der Oberfläche der lokalen Planeten und Satelliten zerschellen, und diese mit Mikro-Erdlingen befallen.

In seinem Artikel *Extraterrestrial Intelligent Beings do not Exist,* in der vierteljährlich erscheinenden Zeitschrift *Royal Astronomical Society,* Band 21, Sept. 1980, Seite 267-

106 Das verborgene Alpha

281, veröffentlichte Professor Frank Tipler, aus der Abteilung für Mathematik der University of California in Berkeley, die Idee von Weltraumsonden, welche künstliche Gebärmütter befördern, in denen menschliche, befruchtete Zellen platziert sind, und deren Babys von roboterartigen Ersatzeltern erzogen werden. Er geht sogar noch weiter: „...die, zur Synthese einer Eizelle erforderlichen Informationen würden den Speicherraum der ursprünglichen Weltraumsonde belasten. Die Information könnte über Mikrowelle an die Von-Neumann-Maschine übertragen werden, sobald genügend Zeit wäre eine zusätzliche Speicherkapazität in dem anderen Sonnensystem herzustellen."

Normalerweise macht die Planung mehr Spaß als die Reise selbst. Das allgemeine Vorhaben ist so. Von-Neumann-Sonden landen nach einer weiten Weltraumreise von vielen, vielen Jahren, sagen wir nach etwa 200.000 Jahren (nicht Millionen von Jahren, um bescheiden zu sein), auf fremden Planeten und Satelliten, und beginnen, sich selbst unter Verwendung lokaler Materialien zu replizieren. Dann wird die künstliche Intelligenz der Sonde, unter Verwendung des DNA-Codes, der im Speicher der Maschine gespeichert ist, oder über Funkwellen vor 20.000 Jahren von der Erde weggeschickt wurde, und der künstlichen Gebärmutter-Technologie (die sich ebenfalls selbst repliziert hat) neue Menschen aus dem lokalen Dreck schaffen, die von selbstreplizierenden Robotern aufgezogen werden. Die neue Weltraum-Gesellschaft ist am Leben. Halleluja! Diese gesamte Monstrositätenschau erfolgt vollkommen unbeobachtet von jeglichem intelligenten Wesen irgendwo im fernen Weltraum.

Paul S. Wesson, Gastforscher am Herzberg Institut für Astrophysik in Kanada regt zur Nekropanspermie an, wobei Milliarden von kleinen Weltraumaumsonden mit jeweils 100.000 gefriergetrockneten Bakterien zu anderen bewohnbaren Welten oder Kometen und Asteroiden geschickt werden sollen, die dann schließlich auf der Oberfläche der Planeten landen. Das, durch die kosmische Strahlung und UV-Licht beschädigte, organische Material könnte in der Umgebung einer neuen, gastfreundlichen Welt wiederbelebt werden. Das lokale Leben sollte das fremde genetische Material aufnehmen und neue Lebensformen schaffen.

Hierzu habe ich eine Frage. Wie würden die anderen Zivilisationen reagieren, wenn sie entdecken, dass Wissenschaftler der Erde natürliche und manipulierte Mikroorganismen über Meteoriten, Asteroiden, Kometen, Container, Kapseln, Raumschiffe usw. in ihre Sternsysteme schicken, und diese ihre Planeten und Satelliten mit fremden Biota befallen? Was wäre ihre Antwort auf die Roboter-Sonden, die beginnen, terrestrische Flora, Fauna und den Menschen auf allen möglichen Weltraumkörpern rund um die Galaxie zu reproduzieren? Werden sie Loblieder singen oder werden sie militärische Raumschiffe aussenden, um den Befall mit fremdem Leben und den Planeten mit den darauf herum albernden Kreaturen zu zerstören?

108 Das verborgene Alpha

Ich bin mir ziemlich sicher, dass in einigen Fällen ihre Reaktionen sehr feindselig sein werden.

VERRÜCKTE ALIEN PROFESSOREN

Diese Anregungen, die von Wissenschaftlern (vermeintlichen Experten der Wissenschaft, Francis Crick und James Watson sind Nobelpreisträger) gegeben wurden, können vielleicht wie ein perfekter Weg erscheinen, um die Galaxie zu kolonisieren, aber was würde passieren, wenn im Sonnensystem und auf der Erde außerirdische Sonden mit allen Arten von außerirdischen Robotern, künstlichen Gebärmüttern, Nekrotechnologie, Viren, Bakterien, Eizellen, quasilebende Nanoroboter, gentechnisch veränderte Mikroorganismen, und so weiter, ankommen würden und sie alle damit beginnen würden, sich zu reproduzieren, und große Mengen von genetischem Müll, natürliche und künstlichen Organismen, kluge Kreaturen (gesunde, verrückte oder alberne), Roboter, Maschinen herzustellen?

Stellen Sie sich den Alptraum eines konstanten Zustroms fremder selbstreplizierender DNA, Reproduktionsmaschinen und künstlichen Gebärmüttern vor, die nach den genialen Plänen einiger extraterrestrischer Professoren eine Legion außerirdischer Wesen herstellen.

Wir haben nicht die Möglichkeit, die fremden Professoren zu fragen, was sie darüber denken. Haben diese eine Ahnung, was den Menschen passieren würde, wenn sie ihre genialen großen Pläne erfüllen? Eine vollkommene

Katastrophe für das Leben und für alle Menschen? Oder irgendeine Art von Riesenerfolg?

In vielen Fällen würden diese durch den Weltraum reisenden Robotervorrichtungen, künstlichen Intelligenzen und neu synthetisierten außerirdischen Organismen trotz der Absichten ihrer Urheber nicht ordnungsgemäß funktionieren und sie würden keine wesentliche Gefahr für die menschliche Zivilisation darstellen.

Auf der anderen Seite, könnten viele von ihnen gemäß den militärischen oder verrückten Plänen ihrer außerirdischen Meister perfekt funktionieren.

Die technischen Mittel für ein solches „kontrolliertes Säen" mit terrestrischen Mikroorganismen von Leben und Intelligenz (die leicht außer Kontrolle geraten könnten) sind relativ einfach.

In *Der Krieg der Welten* von H. G. Wells, sind die Eindringlinge vom Mars ausgestorben, weil sie den Keimen auf der Erde nicht widerstehen konnten. Aber können wir fremden Mikroorganismen, manipulierten Keimen, quasilebende Nanomaschinen oder der gewöhnlichen außerirdischen Mikrofauna und Mikroflora widerstehen, die normalerweise in den Raumschiffen und in den Körpern der außerirdischen intelligenten Wesen leben würden?

Im Jahr 1995 erklärte der britische Gesundheitsminister, dass es kein denkbares Risiko einer Übertragung von BSE von Kühen auf den Menschen geben würde. Und wir kennen das Ergebnis: Tote aufgrund der Creutzfeldt-Jakob-Krankheit (auch Rinderwahnsinn genannt) und riesige Verluste für die britische Wirtschaft. Beide Spezies, Menschen und Kühe, haben über tausende von Jahren nebeneinander gelebt. Haustiere sind scheinbar harmlos für uns, aber manchmal sind sie es nicht, trotz der langen Jahre des Zusammenlebens. Wie wäre es mit außerirdischen Kreaturen?

Krankheiten, die von Tieren auf den Menschen übertragen werden, werden *Zoonosen—zo* (Tier) + *nosos* (Krankheit) genannt. Mehr als 150 solcher Krankheiten sind bekannt: Tollwut, Brucellose, Pest, Gelbfieber, Malaria, Salmonellose, Leptospirose, das tödliche Herpes-B-Virus, Trichinose, Enzephalitis, Milzbrand, Staphylococcosis, Streptococcosis, Tuberkulose usw.

Auch AIDS (Acquired Immunodeficiency Syndrome) scheint von Tieren (Affen) auf den Menschen übertragen worden zu sein.

Im ihrem Bericht von 2009, schätzte die Weltgesundheitsorganisation, dass weltweit 31 bis 36 Millionen Menschen mit HIV/AIDS leben, wobei es pro Jahr 2,4 bis 3 Millionen HIV-Neuinfektionen gibt, sowie 2 Millionen Todesfälle aufgrund von AIDS.

Weltweit sind rund 60 Millionen Menschen seit Beginn der Pandemie infiziert worden, davon rund 30 Millionen Todesfälle.

Einige zukünftige Politiker, Wissenschaftler, Fans von Außerirdischen oder Ausschüsse könnten öffentliche Erklärungen abgeben, dass es vollkommen sicher ist unseren Weltraum-Brüdern zu begegnen, weil sie keine Bedrohung für die Menschen darstellen. Sollten wir ihnen trauen? Ja, wenn wir naive Enthusiasten sind. Die außerirdischen Zivilisationen gehören zu den existenziellen Risiken für den Menschen. Auf der anderen Seite sind die Menschen eine existentielle Gefahr für die Spezies der Flora und Fauna auf der Erde. Wenn sich die Menschheit genug weiterentwickelt und im Weltraum herumreist, wird dies für das extraterrestrische Leben und Intelligenz zu den existenziellen Risiken zählen.

ALIENOSE

In unserem Körper und unserer Umwelt wimmelt es vor Mikroorganismen. Es ist normal, zu erwarten, dass die Körper aller außerirdischen Lebewesen auch voller Mikroben sind (eine vielfältige Gruppe von winzigen, einfachen Lebensformen, zu denen Bakterien und Viren gehören). Diese sind zwar unschädlich für ihre Wirte, aber einige werden für uns tödlich sein. Die *Alienosen (Exonosen)* sind, unter natürlichen Bedingungen, übertragbare Krankheiten von außerirdischen Organismen auf den Menschen, von außerirdischen intelligenten Lebewesen, Tieren, Pflanzen, quasilebenden oder noch unbekannten Lebensformen. Sie werden in der Medizin der (nahen) Zukunft ein Thema sein, kurz nach den ersten Kontakten mit außerirdischen Kreaturen.

Zur normalen Flora gehören Mikroben, die in und auf dem Körper der Menschen leben. In der Regel haben sie keine schädlichen Auswirkungen auf uns, ihre Wirte. Es wird manchmal ganz einfach gesagt, dass es in Ihnen mehr von „denen" gibt als von „Ihnen" selbst. Viele Milliarden von Mikroben leben harmlos auf unserer Haut und im Darm, wir atmen sie ein und aus. Eine große Zahl von aeroben und anaeroben Bakterien befinden sich in bestimmten Regionen des menschlichen Körpers: im unteren Darmbereich gibt es etwa 100 Milliarden Mikroorganismen pro Gramm Fäkalien, im Mund rund 1 Milliarde Mikroorganismen pro ml. Speichel, in der Nase etwa 20.000 Keime pro ml. nasaler Spülung, auf der menschlichen Haut etwa 100.000 bis 1 Million Mikroorganismen pro cm^2, in Abhängigkeit von der getesteten Hautoberfläche. Nach der Pubertät wird die Vagina durch Lactobacillus aerophilus besiedelt. Einer oder mehrere der Herpesviren infizieren nahezu 100% der erwachsenen Bevölkerung.

Menschen sind symbiotische Tiere. Mehr als 400 verschiedene Arten von Mikroorganismen leben in den verschiedenen Regionen des menschlichen Verdauungstraktes, und machen fast 2 kg aus des gesamten Körpergewichts eines Individuums. Diese riesige Population von Mikroorganismen übersteigt bei weitem die Zahl der Gewebezellen, die den menschlichen Körper bilden. Wir haben in etwa 10^{13} Zellen in unserem Körper und 10^{14}Mikroben.

Die normale Flora füllt fast alle verfügbaren ökologischen Nischen im menschlichen Körper aus, und produziert Defensine, Bakteriozidine, kationische Proteine, und Lactoferrin, mit dem Ziel, andere Bakterien, die für ihre Nische im Körper konkurrieren, zu vernichten. Wenn dieses

Ökosystem ordnungsgemäß funktioniert, schützt es den Körper vor schädlichen Bakterien, Hefen und Viren. Es regt auch die Funktion des gesamten Verdauungssystems an und produziert wichtige Vitamine, wie Vitamin K und einige der B-Vitamine, und reguliert deren Niveau, zur Aufrechterhaltung des lebenswichtigen chemischen und hormonellen Gleichgewichts des Körpers. Die mikrobiellen Partner des Menschen sollten sich in einer guten physischen Verfassung befinden, wie die Menschen selbst.

Wissenschaftler haben im Genom eines jeden Säugetiers, das jeweils untersucht wurde, Retroviren entdeckt. Die Retroviren sind einen Großteil ihrer Zeit inaktiv, sie sind nur als zusätzliche Segmente präsent, und sind hier und da in der DNA eingefügt. Die Menschen beherbergen mehr als tausend Retroviren, von denen wir viele seit bereits weit über 30 Millionen Jahren mit uns tragen. In der Plazenta und in den fötalen Geweben erwacht eine erlesene Auswahl von Retroviren und befiehlt den Zellen, Proteine zu produzieren und diese zu Retroviren zusammen zu bauen. Auch in der Plazenta und dem ungeborenen Baby einer gesunden schwangeren Frau wimmelt es vor Viren. Dies ist ein normaler Bestandteil einer jeden Schwangerschaft. Diese endogenen Retroviren sind tatsächlich in der DNA von jedem Säugetier kodiert.

Der menschliche Körper kann nicht vollständig sterilisiert werden weil solch ein Exemplar bald danach sterben würde. Einige dieser Mikroorganismen nehmen nämlich an den lebenswichtigen biologischen Vorgängen teil, andere halten unser Immunsystem fit.

Außerirdische biologischen Ursprungs und menschliche Astronauten würden einen mikrobiellen Schock erleiden, bei der Rückkehr auf ihre Heimat-Planeten, nachdem sie sich im Raumfahrzeug auf weniger Mikroorganismen eingestellt hatten. Sie werden auf einen erneuten Kontakt mit potentiell pathogenen Mikroben ihrer lokalen Umgebung, die während der Raumfahrt abwesend waren, eine negative Reaktion zeigen. Raumfahrer müssen ihre Immunkompetenz aufrecht erhalten, indem sie in den Kabinen der Raumschiffe aus ihrer Heimatumgebung stammende Mikroorganismen mit sich tragen.

Die Aufnahme von Pflanzen, Tieren und Bioreaktoren in die Anlagen der Raumfahrzeuge (menschlich oder außerirdisch) als Lebenserhaltungssystem, würde die Zahl der Mikroorganismen deutlich erhöhen. Es gibt viele Millionen Bakterien pro Gramm Trockengewicht der Pflanzenwurzeln. Pilze sind wichtig für das Backen von Brot und die Gärung von Wein, Bier und Essig. Viele Arzneimittel werden mit Hilfe von Bakterien und Pilzen hergestellt, insbesondere die Antibiotika wie Penicillin, Streptomycin, Tetracyclin usw.

Der Fehlschlag beim Nachweis von außerirdischen Mikroorganismen oder Alienosen (durch außerirdische Kreaturen übertragene Krankheiten) auf der Erde, ist ein sehr starkes Argument gegen außerirdische Besuche von extraterrestrischen Kreaturen biologischen Ursprungs.

Jedes Jahr wird von hunderttausenden von UFO-Sichtungen berichtet, von Abduktionen von Menschen durch ausserirdische Besatzungen, von ärztlichen Untersuchungen an Menschen in extraterrestrischen Raumschiffen, von sexuellen Beziehungen zu Außerirdischen, von Unfällen, von Autopsien an außerirdischen Leichen und von anderen Kontakten zu Außerirdischen.

Es gibt viele Berichte aus der ganzen Welt, die beschreiben wie Männer und Frauen an Bord von fliegenden Untertassen genommen werden und Geschlechtsverkehr mit verschiedenen Alien-Rassen haben, sogar Weltraum-Babys wurden geboren. Mikroben werden durch die direkte Übertragung von Körperflüssigkeiten von einer Person auf die andere übertragen, wie Blut und Blutprodukte, Sperma und andere Genitalsekrete, sie können durch die Auskleidung der Vagina, dem Penis, dem Rektum oder dem Mund in den Körper gelangen. Die Mikroben können auch über die Plazenta übertragen werden.

Jeden Tag werden Millionen von Proben von Blut, menschlichen Geweben, Speichel, Urin, Kot usw. gesammelt und an Labors zur Analyse geschickt. Nicht einmal eine einziger Forscher, Arzt oder medizinisch-technischer Assistent hat jemals über einen außerirdischen Mikroorganismus oder Alienose berichtet.

Es gibt hartnäckige Gerüchte, dass unter den Trümmern des angeblichen UFOs, das in der Nähe von Roswell abgestürzt war, Leichen von extraterrestrischen Astronauten gefunden wurden. Im Jahr 1947, behauptete Colonel Philip J. Corso, die Leiche eines toten Alien in einer

Holzkiste gesehen zu haben, es war angeblich eine der
Kreaturen, die bei dem Absturz getötet worden waren. Grady
„Barney" Barnett, ein Regierungsingenieur, erzählte
Freunden und seinem Sohn, dass er einer der ersten war, die
die Absturzstelle erreichten. Er sah ein scheibenförmiges
Objekt und die Leichen von Außerirdischen. Dr. Weisberg,
Universitätsprofessor für Physik, sagte, er habe die Scheibe
untersucht. Ihm zufolge war der Innenraum stark beschädigt
und es gab sechs Insassen. Eine Autopsie an einem von
ihnen zeigte, dass sie den Menschen ähnlich waren.

Rettungspersonal, Militär und medizinisches
Personal berichteten von Alien-Leichen bei Roswell und an
anderen Absturzstellen. An vielen außerirdischen Leichen
wurden Autopsien durchgeführt. Zeugen behaupten, dass sie
in einem unterirdischen Stützpunkt einen Raum voller
Kanister gesehen hatten, in dem Leichen von Außerirdischen
gelagert waren. Es gibt auch Berichte über Gräber von
außerirdischen Wesen. Dem Forscher Leonard Stringfield
zufolge hat die USA insgesamt mehr als 30 Leichen von
abgestürzten außerirdischen Raumschiffen geborgen. Der
Ufologe Timothy G. Beckley vermutet, dass bereits etwa 110
außerirdische Raumschiffe rund um den Globus abgestürzt
sind.

Seit dem Jahr 1995 haben Hunderte von TV-
Stationen auf der ganzen Welt einen Film über Autopsien
von Außerirdischen ausgestrahlt. Ray Santilli, ein in London
ansässiger Filmproduzent, behauptet, den Film von einem
Kameramann gekauft zu haben, der die Aufnahmen, im Jahr

1947 an der Absturzstelle der Nähe von Roswell gemacht hatte.

Es gibt Dutzende von Autopsieberichten an außerirdischen Leichen, die an verschiedenen Absturzstellen geborgen wurden.

Glenn Dennis war im Jahr 1947 der Roswell Bestatter gewesen. Ihm zufolge hatte er Trümmer der abgestürzten fliegenden Untertasse gesehen, und ein Freund erzählte ihm von den Leichen der kleinen Außerirdischen. Am Abend, als die Leichen der Außerirdischen geborgen worden waren, „tappte" er in das Roswell Army Hospital. Ein gemeiner Offizier trat an ihn heran, und Dennis wurde gewarnt, dass, wenn er jemals jemandem etwas erzählt über den Absturz oder die Leichen der Aliens, „werden sie Ihre Knochen aus dem Sand aufsammeln".

Es gibt Interviews mit mehreren Ärzten, die an den extraterrestrischen Körpern Autopsien vorgenommen hatten.

Jamie Shandera, Dokumentarfilmemacher und Ufologe, behauptet, dass er ein anonymes Paket erhalten hatte, das zwei Rollen eines unentwickelten 35-mm-Film enthielt. Er entwickelte den Film, der Teil einer Berichterstattung an den neu gewählten Präsidenten Dwight D. Eisenhower zu sein schien, in der alle Details zum Absturz der fliegenden Untertasse bei Roswell beschrieben werden. Laut diesem Filmbericht waren vier außerirdische Leichen unter den Trümmern des abgestürzten außerirdischen Raumschiffs. Sie waren von Wüsten-Aasgeiern verstümmelt worden und bereits stark zersetzt.

118 Das verborgene Alpha

Solche zersetzten außerirdischen Leichen an der Absturzstelle, deren Blut, Urin, Kot, Speichel usw. stellen sicherlich die Quelle einer außerirdischen Kontamination dar. Auch gesunde extraterrestrische Astronauten sind gefährlich. Sie könnten tödliche Alienosen verursachen. Die Abduktionen und die Erhaltung der Leichen der Außerirdischen nach dem Zweiten Weltkrieg waren, gemessen an modernen Standards, nicht sicher genug, und die Kontamination mit extraterrestrischen Mikroorganismen war unvermeidlich. In jedem bemannten außerirdischen Raumschiff sollten Essen, Kanister mit Gewebeproben und Mikroben, Medikamente, Getränke, Atemluft, Pflanzen, Hardware, alle Arten von Zubehör und so weiter vorhanden sein, wobei all dies Quellen einer mikrobiellen Kontamination sind.

Die Regierungen auf der Erde könnten die Leichen der Außerirdischen verstecken, aber sie sind nicht in der Lage, die von außerirdischen Besuchern hinterlassenen Mikroorganismen zu verstecken. Das ist einfach unmöglich. Keine Regierung (offiziell, schattenhaft, geheim, mythisch, mystisch oder was auch immer), Organisation oder Person auf unserem Planeten verfügt über die notwendige Technologie, um dies zu tun.

Wo sind all die Mikroben von den vermeintlichen Außerirdischen hinterlassen worden? Es ist höchst unwahrscheinlich, dass die außerirdische Mikrofauna identisch zu der irdischen ist. Nur ein einziges überlebendes Bakterium oder Virus könnte sich innerhalb kürzester Zeit in

Milliardenhöhe vermehren. In einem einzigen Körper (tot oder lebendig) befinden sich viele Milliarden von Mikroben.

Was könnte für die Raumfahrer schlimmer sein als ein katastrophaler Bruch in ihren Raumanzügen mit Hightech-Schutz, der ihnen den lebensrettenden Fluss der Atemluft sowie Schutz vor fremden Keimen verleiht? Nach zahlreichen Berichten über Begegnungen mit Außerirdischen, waren Menschen in engem Kontakt mit außerirdischen Astronauten, die den Beschreibungen nach terrestrische Luft atmen, Wasser trinken, menschliche Nahrung essen, und so weiter, und die meisten von ihnen tragen nicht einmal ausreichende Schutzanzüge und Helme, sondern nur etwas ausgefallene hautenge Anzüge, silber farbene Anzüge, gelbe Skianzüge, leuchtende Aluminium-Anzüge, Tauchanzüge, Overalls, oder sogar Nazi Militäruniformen. Einige Außerirdische waren wie Menschen gekleidet oder mit irgendeiner Art von lächerlichen Raumanzügen, aber viele von ihnen waren während der Kontakte tatsächlich nackt.

Millionen von Menschen haben Berichten zufolge außerirdische Raumschiffe betreten und keiner von ihnen hatte einen Schutzanzug getragen. Die Keimbelastung ist für den Menschen ebenso gefährlich wie für die Außerirdischen.

Forscher haben noch keine extraterrestrischen Mikroorganismen auf der Erde entdeckt und man kann daraus schließen, dass es keine bemannten Besuche (weder jetzt noch in der Vergangenheit) von außerirdischen Zivilisationen gegeben hat - und falls es doch welche gibt, dann sind diese in ihrer Anzahl und Aktivität begrenzt und unter strenger Kontrolle.

In Jahr 1347 ereignete sich ein Ausbruch der tödlichen Pest in China und verbreitete sich in Asien und in Europa. Von der Pest waren meist Nager betroffen, aber Flöhe konnten die Krankheit auf den Menschen übertragen. Sobald ein Mensch infiziert wurde, infizierte er andere sehr schnell. Innerhalb von fünf Jahren starben 25 Millionen Menschen, ein Drittel der Bevölkerung Europas, aufgrund des schwarzen Todes. Die Krankheit tötete mit einer unheimlichen Geschwindigkeit. Giovanni Boccaccio, der Autor von *Das Dekameron*, sagte, dass seine Opfer in vielen Fällen mit ihren Freunden zu Mittag assen, jedoch das Abendessen mit ihren Vorfahren in der anderen Welt zu sich nahmen.

Über 50 Prozent der Ureinwohner der polynesischen und der Hawaii-Inseln starben infolge von durch ausländische Seeleute eingeführten Mikroben.

Während der spanischen Eroberung Mexikos töteten Pocken und andere Krankheiten Millionen von Indianern, die keinerlei natürliche Resistenz gegen diese Infektionen hatten. Die Pocken töteten drei von vier Hopis, und später wurden sie durch die Epidemie auf einige wenige hunderte reduziert. Windpocken und Masern, die bei den Europäern sehr häufig, und selten tödlich sind, wurden den einheimischen Amerikanern oft zum Verhängnis.

Wenn die europäischen Seeleute nach Polynesien kamen, starben fast 50% der einheimischen Bevölkerung als Folge von importierten mikrobiellen Erkrankungen.

Die mit dem Zweiten Weltkrieg einher gegangenen 60 bis 70 Millionen Toten machten diesen zum blutigsten militärischen Konflikt sowie zum größten Krieg in der Geschichte der Menschheit. Kleine Mikroorganismen können ebenso tödlich sein wie Kriege in großem Maßstab. Die Epidemie der spanischen Grippe gehörte zu den verheerendsten Epidemien in der Geschichte der Menschheit. In den Jahren 1918 bis 1919 starben zwischen 20 und 50 Millionen Menschen auf der ganzen Welt an der Spanischen Grippe. Die Wirkung der Pandemie war so stark, dass sich die durchschnittliche Lebenserwartung in USA um 10 Jahre verringerte.

Die moderne Wissenschaft ist jetzt immer noch in der Lage AIDS zu unterbinden, und die globalen Epidemien sind umfangreicher und weitreichender als es die Epidemiologen vor einem Jahrzehnt für möglich gehalten hatten. Wissenschaftler sagen voraus, dass in den nächsten 20 Jahren 70 Millionen Menschen an AIDS sterben werden.

Und dies sind alles einheimische Keime. Extraterrestrische mikrobielle Kontamination könnte die menschliche Entwicklung über Jahrhunderte zurückwerfen oder sogar uns alle auslöschen.

STRATEGIEN DES ÜBERLEBENS

Die Menschen sollten, wie alle außerirdischen Zivilisationen, ein zuverlässiges, Weltraum basiertes Überwachungs-, Intelligenz-, Aufklärungs- und Zielerfassungssystem schaffen, das in der Lage ist, jegliche für den Menschen und die irdische Flora und Fauna potentiell gefährliche, außerirdische Lebensform zu erkennen, unter Quarantäne zu stellen oder zu vernichten.

Das menschliche Immunsystem schützt den Körper vor Krankheitserregern, Fremdstoffen, bösartigen und infizierten Zellen, indem es diese vernichtet. Wir sollten in unserem Sonnensystem ein ähnliches Schutzsystem schaffen, um zu überleben.

Die Menschen sind noch am Leben, weil sie noch nicht da sind: die Außerirdischen, deren fremde Mikroben, deren Flora und Fauna.

Für ihr eigenes Wohl sind die Weltraum-Zivilisationen durch riesige interstellare Distanzen getrennt, aber notwendigerweise wird irgendwann die Phase der Kontakte und des Wettbewerbs kommen.

Die Weltraum-Zivilisationen werden dicht aufeinander treffen, wenn die meisten von ihnen in der Lage sind, solche Kontakte zu überleben.

5. KAPITEL

VON-NEUMANN-MASCHINEN
VERSUS
POPOFF-MASCHINEN

Der Mensch ist noch immer der beste Computer,
den wir an Bord eines Raumschiffs installieren
können - und der einzige, der durch ungelernte
Arbeit in Massen produziert werden kann.
—Wernher von Braun

In seinem Artikel Extraterrestrial Intelligent Beings
Do Not Exist, veröffentlicht im Jahr 1981 in der *Quarterly*
Journal of the Royal Astronomical Society, geht Frank
Tipler davon aus, dass ältere oder fortschrittlichere
Zivilisationen selbstreplizierende Sonden verwenden
würden, um damit die Galaxie in einer, im Vergleich mit
ihrem Alter von etwa 13,7 Milliarden Jahren sehr kurzen
Zeit, zu erforschen, zu kontrollieren und zu kolonisieren.
Und falls intelligente Wesen existieren, dann sollten sich
auch deren Sonden bereits auf unserem Planeten befinden.
Es gibt jedoch keinerlei Beweise für außerirdische Roboter-
Raumschiffe: also existieren derartige Wesen nicht. Tiplers
Argument ist eigentlich eine partielle Version der Fermi-
Paradoxon.

VON-NEUMANN-MASCHINEN

Selbstreplizierende Roboter-Raumschiffe, auch Von-Neumann-Sonden genannt, nach John von Neumann, der die mathematischen Gesetze von selbstreplizierenden Systemen begründet hat, gelten als eine ökonomische Methode zur Erforschung und Kolonisierung des Weltraums. Die Vorstellung ist, dass sie lokale Materialien auf außerirdischen Weltraumkörpern verwenden, um zahlreiche exakte Kopien von sich selbst zu bauen, die dann zu den nächstliegenden Sternen befördert werden, wo der Vorgang wiederholt werden würde.

Die beeindruckende Idee einer robotischen Kolonisation der Galaxie durch Von-Neumann-Sonden hat zwei wesentliche Nachteile:

1. Bald nachdem die selbstreplizierenden Sonden ihre Reise in den Weltraum angetreten haben, würden sie veralten, weil sich Wissenschaft und Technik sehr schnell weiterentwickeln und im Weltraum die Entfernungen riesig sind. Jahr um Jahr würden die technologischen Zivilisationen mehr und mehr Sonden in den Weltraum schicken, denn die vorherigen würden bereits veraltete Antiquitäten von begrenztem Nutzen sein, wenn sie überhaupt noch einen haben. Entsprechend ihrer Flugpläne würden Roboter-Raumschiffe viele Tausende oder sogar Millionen von Jahren herumreisen. Die meisten Wissenschaftler spekulieren, dass der Mensch die gesamte

Milchstraße in etwa ein bis 4 Millionen Jahre kolonisieren könnte.

Das Problem mit dem schnellen Veralten der Roboter-Sonden könnten teilweise gelöst werden, durch die Umprogrammierung der Replikatoren über Radiowellen. Die Milliarden, die man für die Errichtung eines gigantischen Funknetzes ausgegeben würde, wären verschwendetes Geld, weil erstens, eine solche Methode der Kommunikation und Reprogrammierung sehr langsam und sehr unzuverlässig ist. Das Funksignal, das anspruchsvolle Anweisungen befördert, müsste viele Tausende von Jahren (ca. 120.000 Jahre, um die Milchstraße zu überqueren) über zahlreiche Relaisstationen wandern. Zweitens, viele der selbstreplizierenden Maschinen würden sich in nutzlosen Müll verwandeln, oder, noch wichtiger, in gefährliche Idioten, aufgrund von Computerfehlern oder denen ihrer intelligenten Nutzer, und aufgrund jeglicher Art von technischen Ausfällen, Fehlern, Viren, Konstruktionsfehlern, Materialveralterung, Mutationen von Soft- und Hardware, unvermeidlichen Unfällen, elektromagnetischen Störungen, Späße (einige „intelligente" Kerle haben einen ungeahnten und bösen Sinn für Humor), feindlichen Aktivitäten, und so weiter und so weiter.

Es würde vielleicht Milliarden von Unfällen mit solchen Sonden geben, die nur darauf warten bis sie sich über dem kosmischen Weltraum ereignen.

Nur ein sehr kleiner Teil solcher Sonden wäre von Nutzen.

2. Unzählige selbstreplizierende Maschinen aller technologischen Generationen, die von zahlreichen Zivilisationen hergestellt wurden, würden sich ausbreiten wie eine Art technologischer Krebs im Weltraum, und würden fast alles auf das sie treffen vernichten, wobei sie sich selbst replizieren, indem sie ihrem Code folgen.

Carl Sagan und William Newman haben argumentiert, dass keine Zivilisation es wagen würde, solche Maschinen zu bauen, aus Angst, dass sie zu Monstern mutieren, die die gesamte Galaxie zerstören würden. Aber die Natur verlässt sich nicht auf die Ethik. Auf der Erde wurden alle möglichen Fehlverhalten begangen, mit der ultimativen Ausnahme, dass die Menschen sich noch nicht selbst vernichtet haben. Die Gleichförmigkeit des Universums lässt uns erwarten, dass viele Dinge anderswo im Kosmos die gleichen sein werden, wie sie hier auf unserem Heimatplaneten sind, daher wird es Übeltäter und dumme Menschen aller Art überall im Universum geben.

Stellen Sie sich vor, was passieren würde wenn nur eine einzige autonome selbstreplizierende Sonde irgendwo im Sonnensystem landen und entsprechend ihrem Programm beginnen würde, sich selbst auf dem Mond, auf dem Mars, auf Tausenden von Asteroiden, auf den Satelliten der Planeten zu replizieren... Bald würden wir den Start von Millionen und Abermillionen von Sonden erkennen, die auf allen möglichen Weltraumkörpern rund um die Erde landen würden. Diese Maschinen würden auch auf unserem Planeten ankommen, Millionen von ihnen. Die unerwünschten Hightech-Besucher auf der Erde wären nur ein kleiner Teil der unzähligen Schwärme von Selbstreplikatoren, auf der Suche nach lokalen Materialien im Sonnensystem umher wandern, um diese zu nutzen. Sie würden unser gesamtes Heimat-Sternsystem befallen. Aber würden sie wirklich nur harmlose Roboter-Sonden mit einer anspruchsvollen künstlichen Intelligenz sein, welche ihre Replikation einstellen und das Sonnensystem verlassen würden, sobald sie Leben und Intelligenz entdecken? Vielleicht würden einige versuchen, mit uns zu kommunizieren und Signale an ihre Schöpfer zurücksenden, einige könnten sich weiterhin replizieren und die Menschen ignorieren, einige könnten vielleicht sogar einen Krieg führen gegen Eindringlinge. Sie würden das Sonnensystem als ihre Heimat ansehen. Diese Maschinen wären nicht böse, sie würden einfach nur einfache Programmanweisungen befolgen, um zu überleben und sich selbst zu replizieren - mit tödlichen Folgen für uns.

Von-Neumann-Maschinen könnten auch als tödliche Waffen in Kriegen oder von Terroristen auf der Erde oder im Weltraum eingesetzt werden. Die selbstreplizierenden Roboter-Berserker würden alles zerstören, auf das sie im feindlichen Weltraum stoßen. Menschen stellen sich meistens diese Tötungs-Maschinen als riesige Metallbastarde vor, die laut knarren und Fackeln und Raketen auswerfen. In der Tat könnten sie aber auch klein oder sogar (fast) unsichtbar sein, aber sehr gefährlich.

Menschen verfügen noch nicht über die notwendigen Ressourcen, um sich gegen den vordringenden, selbstreplizierenden, Maschinen zu wehren.

POPOFF-MASCHINEN

Die wesentlichen Probleme mit den Von-Neumann-Sonden, die durch einen völlig autonomen und nicht überwachten Computer gesteuert werden und produziren Kopien von sich selbst, könnten durch die Einführung der Popoff-Maschinen gelöst werden.

Popoff-Maschinen unterscheiden sich in einigen wichtigen Punkten von den Von-Neumann-Maschinen.

Sie verfügen über keine selbstreplizierenden Einheiten, welche exakte Kopien ihrer selbst herstellen, wie es bei den Von-Neumann-Maschinen der Fall ist.

Popoff-Maschinen verfügen über keine vollständig autonome künstliche Intelligenz.

Sie sind unter ständiger Kontrolle, 24/7/365, über ein Interface, das Matrix genannt wird.

Popoff-Maschinen sind immer auf dem neuesten Stand der Technik und veralten niemals.

Die selbstreplizierenden Von-Neumann-Maschinen sind unkontrolliert und veralten sehr schnell.

Um eine sichere und kontrollierbare robotische Sonde zu bekommen, ist die wichtigste Komponente eine Matrix: ein persönliches, Standard-Software-Interface für die Vermittlung zwischen menschlicher und maschineller Intelligenz. Diese Software sollte von den Behörden standardisiert werden, um Missbrauch zu vermeiden und um eine bessere Kontrolle über künstliche Intelligenzen und Maschinen zu gewährleisten. Dies ist sehr wichtig, weil durch die Matrix alle hohen Maschinen, künstlichen Intelligenzen und Roboter, die in lebenswichtigen Bereichen eingesetzt werden, wie in von Milliarden von Menschen genutzten Transport-Systemen, Schwerindustrie, Kernkraftwerken, Forschungslabors mit gefährlichen Mikroorganismen und Instrumenten, Waffen, die unsere Welt zerstören könnten usw.

Die Menschen werden die zweite intelligente Spezies auf unserem Planeten hervorbringen. Es wird eine künstliche Intelligenz sein, die unter strenger Kontrolle sein sollte.

Die persönliche Matrix verbessert deutlich die Leistungsfähigkeit und Produktivität des Bewusstseins. Sie beschleunigt den Denkprozess. Es gibt keine Begrenzung des Speicherplatzes. Sie bietet sofortigen Zugang zu dem gesamten menschlichen Wissen usw. Die menschliche/Matrixstruktur besitzt die Vorteile sowohl des menschlichen Gehirns als auch der künstlichen Intelligenz. Dadurch könnte die maschinelle Intelligenz die Menschen niemals dominieren, denn durch die Matrix würden die Menschen über alle Eigenschaften der Maschinen und der künstlichen Intelligenz verfügen. Auf diese Weise wären die Maschinen nicht in der Lage, die menschliche Rasse zu überlisten - ein wichtiges Anliegen der Wissenschaftler, Futuristen, Schriftsteller usw.

Die Matrizen könnten durch einen Mikrochip oder einen Biocomputer zu einem integralen Bestandteil des menschlichen Gehirns gemacht werden. Sie würden ihre Impulse direkt dem Gehirn zuführen und über den Verstand Befehle erteilen. Aber ein Implantat wäre nicht erforderlich, um die Macht der Matrix zu nutzen, es würde genügen, einen guten Computer zur Hand zu haben. Der Computer im Inneren des menschlichen Körpers vermag es geradezu das Betriebssystem viel einfacher, schneller, komfortabler und effizienter zu gestalten.

Das zweite notwendige Element, das bei den Popoff-Maschinen hinzukommt, ist die unmittelbare Kommunikation über Kanäle, die auf der Quantenverschränkung (oder einer anderen neuartigen Technologie) basiert. Die Gesetze der modernen Physik begrenzen die Geschwindigkeit von materiellen Objekten, nicht aber von Information. Solche Kanäle wären zuverlässig, gut gesichert und ökonomisch.

In der Quantentheorie vibrieren die Elementarteilchen. Sie bestehen aus eindimensionalen Strings. Diese Strings schwingen, so dass die Teilchen dadurch ihre Masse, Ladung, Spin und Flavor bekommen. Wenn zwei Teilchen einander berühren können sie im Gleichklang schwingen. Wenn wir diese beiden im Gleichklang schwingenden Teilchen voneinander trennen und eines dieser Teilchen rütteln, wird das andere Teilchen viel schneller als die Geschwindigkeit des Lichts beeinflusst. Die beiden verschränkten Teilchen können einander momentan beeinflussen, egal, ob sie sich im gleichen Raum befinden oder an entgegengesetzten Enden des Universums. Einstein nannte dies „spukhafte Fernwirkung". Er hasste die Verschränkung, weil dies scheinbar im Widerspruch zu seiner Relativitätstheorie stand, welche behauptet, dass nichts, nicht einmal die Information, sich schneller als die

Lichtgeschwindigkeit fortzubewegen vermag. Jetzt vermuten die Wissenschaftler, dass die verschränkten Teilchen momentan interagieren, aber es sind viele Experimente notwendig um die Geschwindigkeit bei sehr großen Entfernungen zu messen.

Gebildete Leute sagen und schreiben in ihren Büchern und Artikeln, dass „eine Übertragung der Information schneller als das Licht niemals erfolgen kann, weil es die Kausalität verletzen würde! Die Effekte können ihren Ursachen vorangehen!"

Stellen Sie sich zwei Quanten-Kommunikationsgeräte (quantum-entangled communication devices) vor, die auf großer Entfernung miteinander Information austauschen. Das erste befindet sich auf der Erde, das zweite wurde von einer Weltraumsonde oder einem bemannten Raumschiff in die Umlaufbahn des unserer Sonne nächstgelegenen Sterns gebracht, des Proxima Centauri, der 4,2 Lichtjahre von uns entfernt ist. Ein Kunde sendet eine E-Mail und der Empfänger erhält sie sofort oder sie sprechen über das Telefon oder sie tauschen Video-Dateien aus und betrachten diese sofort.

Meine Frage ist nun, wie kann dieser unmittelbare Austausch von Information zwischen diesen beiden Quanten-Kommunikationsgeräten die Kausalität verletzen?

Ein weiterer pseudowissenschaftlicher Mantra behauptet, dass Kommunikation schneller als Licht, nach Einsteins Relativitätstheorie äquivalent sei zu Zeitreisen. Also, was oder wer reist in der Zeit hin und her, in diesem speziellen Fall?

132 Das verborgene Alpha

Die Gesetze der Physik untersagen nicht die unmittelbare Übertragung von Information.

Die mit unmittelbaren Info-Kanälen und Matrix aktivierte Roboterausrüstung würde Hochleistungstelepräsenz ermöglichen: dies ist die Fähigkeit, in Echtzeit ein anderes Gebiet oder eine andere Welt zu erleben, über weit entfernte Roboter-„Augen" um zu sehen, -„Füße" zur Fortbewegung, und -„Hände", um zu Dinge zu verrichten. Und eine weit entfernte Zunge, um ein außerirdisches Eis zu lecken, wenn Sie dazu in der richtigen Stimmung sind. Für die Erfahrung „dort zu sein", „sich dort zu amüsieren" oder „dort zu arbeiten" würde es nicht mehr erforderlich sein, sich auch physisch dort zu befinden, auch wenn der Wohnsitz über viele Sternsysteme davon entfernt ist. Sie können all die Empfindungen bekommen, die Sie in der Regel bei einem persönlichen Besuch bekommen würden. Sie können den Wind, den Regen, und die Sonne auf „Ihrer" Haut fühlen, die einheimische Küche kosten, oder die Launen einer außerirdischen Liebe erkunden.

Die unmittelbaren Datenkanäle und die Matrix stellen eine Lösung dar, für die Nachteile der unkontrollierten Selbstreplikation und des schnellen Veraltens der interstellaren Roboter-Sonden: Man könnte die Software und die Hardware regelmäßig aktualisieren. Es besteht keine Notwendigkeit für einen autonomen Computer mit einem Intelligenzniveau nahe an der menschlichen Intelligenz, um die selbstreplizierenden Einheiten zu steuern.

Raumsonden könnten ein riesiges Netzwerk von unmittelbaren Datenkanälen und hohen Maschinen im Weltraum stationieren, die in der Lage wären, mit lokalen Materialien, Roboter-Fabriken, Kraftwerke, alle Arten von Maschinen, neue Raumsonden, Roboter, Elemente von Verteidigungssystemen, und so weiter herzustellen.

Die Menschen könnten mit dieser Technologie (robotische Telepräsenz, basierend auf momentanen Kommunikation und Matrizen) nicht nur in entfernten Umgebungen sondern auch in explosionsgefährdeten Gebieten und Situationen wie Bombenentschärfung, Bergbau, bei militärischen Operationen, Unterwasser-Arbeiten, bei der Rettung von Opfern aus dem Feuer, bei gefährlicher Strahlung, in giftigen Atmosphären, oder bei Geiselnahmen, diese hohen Maschinen, künstliche Intelligenzen und verschiedene andere Geräte steuern. Die Anwendungen sind praktisch zahllos: Medizin (einschließlich ferngesteuerte Chirurgie), Unterhaltung, Bildung, Forschung, und so weiter. Sie können auch eingesetzt werden, um den Maßstab zu verändern, zum Beispiel ein Chirurg könnte die Mikromanipulatortechnik nutzen, um eine Operation auf mikroskopischer Ebene auszuführen, zur Konstruktion von unglaublich kleinen Nanostrukturen usw.

Die Popoff-Maschinen, auch hohe Maschinen genannt, wird es in allen Größen, Formen und Funktionen geben. Einige werden universell sein, aber es wird auch hoch spezialisierte Maschinen geben. Sie werden von allen Zivilisationen des Universums hergestellt. Außerirdische hohe Maschinen werden auch auf die Erde kommen, zum Guten und zum Bösen. Nur hohe Maschinen sind in der Lage die außerirdischen hohen Maschinen zu bekämpfen. Ohne Popoff-Maschinen kann die Menschheit nicht überleben.

Es ist unumgänglich, dass die Menschen einmal den ordnungsgemäß funktionierenden und den beschädigten Von-Neumann-Maschinen (unbeobachtet in Echtzeit robotischen, selbstreproduzierenden Geräten und Raumfahrzeuge, gesteuert von einer autonomen, künstlichen Intelligenz), sowie den hohen, von Popoff postulierten Maschinen (verschiedene Matrix-aktivierte robotische Maschinen mit begrenzter Autonomie, in Echtzeit, betrieben über unmittelbaren Datenkanäle) begegnen werden.

Um zu überleben, sollten alle Weltraum-Zivilisationen in der Lage sein, außerirdische Schiffe, selbstreplizierende Maschinen, hohe Maschinen oder Sonden vor Eintritt in deren Lebensraum (deren Sonnensystem in diesem Stadium der Entwicklung) zum Stillstand zu bringen, und sie sollten über die technologische und militärische Macht verfügen, um diese gegebenenfalls zu zerstören.

WEARCOMP

Ein praktischer nächster Schritt in der Computer-Funktionalität ist die Einführung des Wearcomp, ein tragbarer Computer, den die Menschen fast permanent auf ihrem Körper tragen. Wearcomps würden verschiedene Formen annehmen.

Eine der ersten Versionen des Wearcomp könnte eine Kombination von einem Mobiltelefon mit genügend Rechenleistung und „Glasses-Plus" sein - Monitorbrillen, die mit 2D-und 3D-Video, Audio, virtueller Tastatur, virtueller Maus usw., ausgestattet sind. Es besteht keine Notwendigkeit für große 3D-Bildschirme, um einen perfekten Film zu sehen. Glasses-Plus enthalten eingebaute Mikrokameras, Gehirnwellen-Sensoren, Laser mit geringer Leistung und Infrarotstrahler. Der Datenaustausch des Mobiltelefons und der Hightech-Gläser erfolgt über Bluetooth oder ähnlicher Funktechnologie. Das Handy ist mit einer konstanten Breitband-Internet-Verbindung versehen. Es sollte über einen leistungsstarken Prozessor verfügen, sowie über genügend Batterieleistung für den Prozessor und dem Mobilfunk.

Glasses-Plus kann problemlos in einer Jackentasche oder Handtasche Platz finden.

Man kann den Wearcomp auch verbinden mit einem regulären Monitor, Tastatur, Maus, Festplatte, Drucker und anderen Geräten, über Kabel oder drahtlos, über einen Hub oder direkt.

Das Mobiltelefon sollte Breitbandverbindungen über eine Vielzahl von Geräten und drahtlosen Kommunikationssystemen wie Wi-Fi, WiMAX, UMTS, CDMA2000, GSM, CDMA und anderen zur Verfügung stellen. Die weit verbreitete Nutzung von Wearcomps würde einen neuen, drahtlosen Kommunikationsstandard erfordern. Milliarden von Kunden, die mit Wearcomps rund

136 Das verborgene Alpha

um den Globus reisen, wären ein ernsthaftes Geschäft und eine große Herausforderung.

Die Technologie des vorgeschlagenen Wearcomp ist bereits verfügbar, wenn sich auch einige der Komponenten noch in frühen Stadien der Entwicklung befinden. Die Elektronik-Hersteller könnten mit der Montage von Wearcomps sofort beginnen, da das Konzept des Gerätes bereits existiert.

Die zukünftigen Glasses-Plus könnten auch mit einem persönlichen holographischen Display versehen sein.

Tastatur und Maus: durch Glasses-Plus könnte der Kunde eine virtuelle 3D-Tastatur sehen, die verschiedene Formen annehmen könnte: eine normale Tastatur, eine altmodische Schreibmaschine, eine schicke, futuristische Tastatur, oder man könnte auch eine einzigartige, persönliche Tastatur entwerfen.

Laser mit geringer Leistung oder Infrarotstrahler projizieren auf den Ort, an dem wir die virtuelle Tastatur sehen. Die Finger machen die Tastenanschläge auf der virtuellen Tastatur und bewegen sich tatsächlich im leeren Raum. Dadurch wird der Strahl unterbrochen und das Licht wird zurück zu einer Kamera reflektiert, wo es analysiert und in Tastenanschläge verwandelt wird.

Ein weiteres Verfahren wird von den 3D-Gestensteuerungssystemen angewandt. Zwei Mikro-Videokameras, etwas abseits, überwachen Fingerbewegungen. Die Kameras nehmen die Bewegungen auf, und die Software analysiert die Fingerbewegungen und verwandelt sie in Tastatureingaben. Verschiedene solcher Systeme sind bereits im Einsatz.

Die Brain-Computer-Interface-Technologie ermöglicht es den Menschen, Computer und andere Geräte zu steuern und nur über die Gedanken zu kommunizieren.

Bionische Hände sind bereits auf dem Markt. Auf der Haut über den Nerven platzierte Senscren lesen die elektrischen Impulse des Gehirn zur Bewegung der Gliedmaßen, und dadurch ist eine Person in der Lage, erfolgreich mehrere komplexe Bewegungen von prothetischen Händen und Fingern über die Gedanken auszuführen.

Man kann auch lernen, die virtuellen Händen zu steuern und auf einer virtuellen Tastatur Texte einzugeben, einfach nur über die Gedanken.

Sie können eine vollständige Computersteuerung erlangen, indem Sie lediglich Ihre Augen in Anspruch nehmen.

Das Tobii PCEye ist ein leicht zu bedienendes Augen-Steuergerät. Es führt dem Computer freihändige Steuerung zu. Das Tobii PCEye funktioniert über nahes Infrarotlicht, das aus dem Augen-Kontrollmodul emittiert wird. Dieses Licht wird in die Hornhäute der Augen des Kunden reflektiert. Die Reflexionen werden von Sensoren erfasst und verarbeitet.

Ähnliche Eyetracking-Systeme könnten leicht in den Wearcomp integriert werden.

138 Das verborgene Alpha

Die Kommunikation mit Computern und anderen Geräten kann durch Eyetracking erheblich verbessert und beschleunigt werden. Es gibt eine Reihe von Verfahren zur Messung der Augenbewegungen.

Der Wearcomp-Kunde kann die Computer-Tastatur und Maus über reelle Bewegungen der Hände und Finger steuern oder ausschließlich über die Gedanken.

Ein Lesegerät für Gehirnwellen und Software können die Gehirnwellen in Computerbefehle verwandeln. Eine derartige, nichtinvasive Brain-Computer-Interface-Technologie ist sicher, zuverlässig und bequem. Forscher entwerfen verschiedenartige Brainwave-Computer-Interfaces. Es ist nur eine Frage der Zeit, bis wir allein mit unseren Gedanken, unsere Computer steuern und Texte schreiben.

Der intendiX des österreichischen Biomedizintechnik-Unternehmens Guger Technologies macht es dem Kunden möglich, Texte mit den Gedanken einzugeben. Das Gerät funktioniert über EEG-Hauben, wobei die Aktivität des Gehirns gemessen wird. Der Anwender muss lediglich ein Raster von Buchstaben beobachten, die auf einem Monitor blinken, wobei man sich auf den Buchstaben konzentriert, der eingetippt werden soll. Wenn der Buchstabe aufleuchtet, ändern sich die Gehirnwellen, was dem EEG-Gerät ermöglicht zu bestimmen, was zu tippen ist. Nutzer können diese

Technologie schon nach einer Einarbeitung von wenigen Minuten nutzen.

Sobald sich der Kunde an das System gewöhnt hat, kann er mit einer Geschwindigkeit von einem Buchstaben pro Sekunde schreiben, schnell genug, um ein Gespräch zu führen und Texte einzugeben.

Eine EEG-Haube wird nicht notwendig sein. Einem ausgeklügelten Gehirnwellen-Lesegerät auf den Glasses-Plus gelingt die Magie, den Wearcomp allein durch Gedanken zu steuern.

Ein Wearcomp mit Brainwave-Computer-Interface ermöglicht es den Nutzern, geräuschlose Telefongespräche zu führen, durch lautloses Aussprechen der Worte. Das Gehirnwellen-Lesegerät, welches die Hirnaktivität überwacht, verwandelt die elektrischen Impulse der winzigen Muskelbewegungen, die beim Sprechen erfolgen, in eine, vom Computer erzeugte Stimme. Das ist sehr günstig, wenn man in einer lauten Umgebung spricht, wenn andere Leute nicht mithören sollten, oder um es zu vermeiden, dass andere gestört werden.

Der Nutzer kann außerdem Texte eingeben, oder den Computer steuern, indem er die Worte leise oder laut ausspricht.

Einfache, über Gedanken gesteuerte Spielkonsolen sind bereits auf dem Markt. Bald werden wir diese in unseren Computern integriert haben, um so auf einer virtuellen Tastatur zu schreiben und mit einer virtuellen

Maus zu klicken. Über Gedanken gesteuerte Computer, elektronische Geräte und Roboter sind gleich um die Ecke. Gehirnwellen-Lesegeräte könnten auch verwendet werden, um die Gesundheit des Nutzers zu überwachen. Physische Tastaturen haben drastische Einschränkungen. Die Nutzer des Wearcomp können ihre eigene virtuelle Tastatur entwerfen. Sie können die Form und die Größe der Tastatur verändern, sowie die Größe und Farbe der Tasten. Sie können die Tasten neu positionieren und ihre eigenen Tasten hinzufügen. Sie können die Eingabe-Tastatur sofort mit einer Tastatur mit häufig verwendeten Sätzen, Zeichen, Symbolen, Bildern austauschen, und dann wieder auf die Eingabe-Tastatur zurückgreifen, aber dieses Mal mit fremdsprachlichen Alphabeten wie das Arabische, das Mandarin, das Bulgarische (auch Kyrillisch genannt), das Hebräische usw. Kunden können auch Tastaturen mit mathematischen oder technischen Symbole verwenden. Die Möglichkeiten werden scheinbar nur von der Fantasie des Nutzers begrenzt.

Sicherlich werden Forscher auch neue und unerwartete Möglichkeiten zur Eingabe von Informationen in den Computer entdecken, anstatt über eine virtuelle Tastatur, die aber zweckmäßig verändert sind.

Die meisten Computer der Zukunft werden keine Tastaturen haben. Die Leute werden allein mit ihren Gedanken Texte schreiben und den Computer steuern.

Bald werden Wearcomps die Norm sein.

Die Kameras und der Beamer (mit elektromagnetischer Strahlung wie Laser-Licht und Infrarotlicht), die Teil des auf Glasses-Plus montierten Hand-und Fingertrackers sein könnten, könnten auch verwendet werden, um Entfernungen zu messen und für die berührungslose Messung von Objekten, um in der Dunkelheit zu sehen, im Nebel, bei Regen und Schnee, als Laserpointer, um holographische Stand- und Live-Bilder zu erzeugen, um die Nahrung, die wir zu uns nehmen zu analysieren, um Fahrzeuge sicherer zu fahren, um durch Wände und Kleidung hindurch blicken zu können (Holy Moly, werfen Sie einen Blick auf dieses wunderschöne Küken, sie ist nackt!)

Die Auswirkungen auf Industrie, Wirtschaft, Medizin, Militär, Unterhaltung usw., sind unzählbar.

Wenn Menschen damit beginnen, virtuelle Tastaturen und virtuelle Mäuse zu verwenden, werden beide virtuelle Vorrichtungen integriert und sich sehr verändern.

In der Tat würden wir mit dem Aufkommen des Wearcomp die physische Tastatur, die Maus und den Monitor nur relativ selten verwenden. Menschen mit implantierten Chips oder Wearcomps mit Gehirnwellen-Sensoren genießen ein bequemes geistiges Interface. Der Monitor, die Tastatur und die Maus werden im Kopf des Nutzers zu einer einzigen Vorstellung verschmelzen und über die Gedanken gesteuert werden.

142 Das verborgene Alpha

Der Wearcomp könnte auch für gehörlose und hörbehinderte Menschen von großem Nutzen sein. Solche Leute benutzen die Gebärdensprache zur Kommunikation. Einige nutzen Handys für SMS, Bildschirmtelefone, um Hand- und Fingerzeichen zu sehen, Computer zum Schreiben von Texten und Videokonferenzen zum Reden.

Der Wearcomp könnte für gehörlose und hörbehinderte Menschen eine kleine Revolution sein. Die Bewegungserkennung des Wearcomp, das Lesen der Typisierung der Hände und Finger auf der virtuellen Tastatur könnten verwendet werden, um die Zeichen zu lesen und um sie an den Partner zu senden, als Video, Animation oder Text in Form von Untertiteln auf dem virtuellen Monitor. Der Wearcomp könnte auch Gebärdensprache in ausländische Gebärdensprache oder Text übersetzen. Er könnte auch die Gebärdensprache aussprechen, so dass nicht gehörlose Menschen sie hören oder die Sprache als Untertitel auf ihrem virtuellen Monitor sehen könnten.

Gehörlose und hörbehinderte Menschen können auch auf der virtuellen Tastatur tippen. Die Ausgabe des Textes könnte auch die Form einer vom Computer erzeugten Sprache annehmen.

Die Software des Wearcomp könnte gleichzeitig Gebärdensprache, Audio und Text aus verschiedenen Sprachen in andere Sprachen übersetzen, in Form von Gebärdensprache, Audio und Text, eine effiziente Kommunikation zwischen Gehörlosen, Hörgeschädigten und Hörenden, mit verschiedenen Sprachen.

Zum Beispiel, wird spanische Gebärdensprache in französische Gebärdensprache übersetzt und das Audio ist in deutscher Sprache. Die gehörlosen und hörgeschädigten Franzosen und Spanier und der Deutsche könnten ein normales Gespräch miteinander führen.

Gehörlose und hörbehinderte Menschen könnten sich auch nach Belieben Theaterstücke, Filme und TV auf dem virtuellen Monitor in allen Sprachen ansehen. Die Software wird Zeichen oder Untertitel aus einer Untertitel-Datenbank bereitstellen oder sie gleichzeitig für diese übersetzen.

Zeichensysteme werden manchmal in einer einzigen Familie entwickelt, die sogenannten Hauszeichen. Wenn hörende Eltern, die die Gebärdensprache nicht beherrschen, ein taubes Kind haben, wird sich ein informelles System von Zeichen auf natürliche Weise entwickeln.

Der Wearcomp wird eine große Hilfe für solche Familien sein, weil sich die Kinder normal entwickeln werden, indem sie mit ihrer Familie, Mitschülern und Freunden frei kommunizieren.

Neuerdings ist die Gebärdensprache bei den Eltern populär geworden, die ihre Kinder erfolgreich lehren, weil die Muskeln der Hände der Babys schneller wachsen und sich entwickeln als deren Mund. Kinder können die Gebärdensprache schneller lernen und begreifen als sie sprechen lernen, wobei die Verwirrung der Eltern sich deutlich verringert, wenn es darum geht zu versuchen, herauszufinden, was ihr Kind will.

Das Gehirn-Lesegerät von Glasses-Plus könnte den gehörlosen und hörgeschädigten Menschen auch hilfreich sein, weil es die Gehirnaktivität beobachten, und die elektrischen Impulse des Gehirns in eine computererzeugte Stimme oder einen Text verwandeln würde. Auf diese Weise könnten Individuen mit hörgeschädigten und hörenden Menschen kommunizieren, ohne die Gebärdensprache zu verwenden.

Der Wearcomp (in all seinen Versionen) wird Ihr Kumpel sein, Ihr Butler, Ihr Kollege, Ihr Simultandolmetscher, Ihr Partner, Ihr persönlicher Berater, Ihr Arzt. Er wird zu einer Erweiterung von Ihnen selbst werden. In der Tat wird das von dem Wearcomp und Ihrem Verstand gelieferte mentale Bild das ausmachen, was Sie als sich selbst akzeptieren. Ihr Verstand und der „Verstand" des Computers werden zu einem höheren und viel mächtigeren SIE verschmelzen. Wenn der Wearcomp entfernt wird, werden Sie sich verkrüppelt, deaktiviert fühlen. Eine Person, die mit normalen, einen Wearcomp tragenden Menschen, nicht mehr mithalten können, sind weg vom Fenster.

Der Wearcomp wird zu einer Erweiterung des menschlichen Verstandes und seines Gedächtnisses werden und wird ständig Zugriff haben auf das gesamte Wissen der Menschheit und auf praktische Informationen in allen Sprachen (Der universelle Übersetzer kennt alle Sprachen).

Exocortex, ein Begriff, den der Forscher Ben Houston im Jahr 1998 erfunden hatte, ist eine künstliches, externes Datenverarbeitungssystem, das mit dem Gehirn eng verbunden ist. Es würde die menschliche Intelligenz und das Gedächtnis vergrößern und den Zugang zum gesamten menschlichen Wissen gewähren. Der Begriff Exocortex wurde als Anspielung auf den Neokortex geprägt, dem von der Evolution her jüngsten Hirnteil der Säugetiere, der die höheren kognitiven Fähigkeiten wie bewusstes Denken, Sinneswahrnehmung, motorische Befehle, räumliches Denken, und beim Menschen die Sprache umfasst. Der neue Begriff deutet auf ein neues, höheres Niveau des Denkens.

Der Wearcomp ist die erste Version des Exocortex.

„Die beste Antwort auf die Frage: "Werden Computer jemals so klug sein wie Menschen? - ‚Wahrscheinlich' ja, aber nur für Kurze Zeit", behauptete Vernor Vinge, der Mathematiker, Informatiker und Science-Fiction-Autor.

In seinem Artikel *The Coming Technological Singularity*, argumentiert Vinge, dass die Schaffung von übermenschlicher, künstlicher Intelligenz den Zeitpunkt markieren wird, an dem die menschliche Ära zu Ende geht.

„Innerhalb von 30 Jahren, werden wir über die technologischen Mittel verfügen, um übermenschliche Intelligenz zu schaffen. Kurz danach wird die menschliche Ära zu Ende gehen."

Ich hoffe, dass eine solche Antwort vollkommen falsch ist. Da die künstliche Intelligenz Teil des menschlichen Selbst sein wird, kann sie sich nicht selbst überlisten, d.h. den Menschen. Daher, je intelligenter künstliche Intelligenz wird, desto mehr zusätzliche geistige Kraft wird der Mensch haben.

146 Das verborgene Alpha

Während künstliche Intelligenz gemeistert wird, werden die hohen Maschinen und Roboter viele Unfälle und sogar Kriege mit sich bringen (die Menschen werden künstliche Intelligenz und Roboter gegen andere Menschen mit künstlicher Intelligenz und Robotern einsetzen) und zweifelsohne werden Milliarden von Menschen sterben, aber Menschen ohne künstliche Intelligenz und hohen Maschinen werden von anderen Menschen und unseren Weltraum-Konkurrenten vernichtet werden.

Hohe Maschinen und künstliche Intelligenzen können die Menschen nicht überlisten, weil sie ein Teil von ihnen sein werden. Was auch immer eine Maschine oder künstliche Intelligenz kann, kann auch von Menschen mit den gleichen oder anderen hohen Maschinen oder künstlicher Intelligenz ausgeführt werden. Hohe Maschinen und künstliche Intelligenzen werden Erweiterungen der menschlichen kognitiven und körperlichen Fähigkeiten sein.

Durch den Wearcomp hat man Zugang zu unzähligen anderen Computern und Maschinen: alle Haushaltsgeräte und Elektronik, das Auto, das Sicherheitssystem und Kameras von zu Hause, das Netzwerk im Büro, die Sprinkleranlage im Garten, die Firmenserver und Produktionsmaschinen...

Der Wearcomp könnte auch effiziente Videokonferenzen ermöglichen. Die Teilnehmer könnten auch Daten von veralteten Geräten wie PCs, Smartphones und Tablets, in einem im Wearcomp integrierten Video-Display gemeinsam nutzen. Es gibt absolut keine

Notwendigkeit, dass sich der Konferenzraum oder die Menschen auf dem gleichen Planeten befinden.

Willkommen in der realen Welt der virtuellen Realität.

In Science-Fiction-Filmen wedelt der tollkühne Held mit den Händen (manchmal mit speziellen Handschuhen, mit irrelevanten grellen Lichtern auf diesen), vor riesigen Bildschirmen werden Phantasiebilder, Dokumente und Videos manipuliert, mit der alleinigen Absicht, die unschuldigen Kinobesucher zu verblüffen. Der Wearcomp macht den gesamten Chichi-Zirkus unnötig.

Der Konferenzraum von gestern: alle sitzen am Tisch, diskutieren wichtige Fragen, oftmals werden einige Papiere durchblättert. Bei den Versammlungen saß man sich persönlich gegenüber.

Der Konferenzraum von heute: die Teilnehmer sitzen am Tisch, diskutieren wichtige Fragen unter Verwendung von PCs und Papierdokumenten, Handys, Tablets, Laptops, Projektoren und so weiter. Einige sind über das Internet anwesend. Auch Online-Konferenzen gewinnen an Popularität.

Der Konferenzraum von morgen: Es gibt keine Notwendigkeit für einen Raum, wenn die Teilnehmer Wearcomps haben. Alle befinden sich in einem virtuellen Konferenzraum. Die Menschen können sich physisch auf der ganzen Welt befinden, in einem Bus, Auto, oder im Flugzeug reisen, oder aber im WC sitzen, am Strand liegen und sich in der Sonne aalen und so weiter.

148 Das verborgene Alpha

Die virtuellen Welten werden ein Segen und ein Fluch sein. Die virtuelle Realität wird jeden Aspekt des menschlichen Lebens verändern: unsere Erziehung, unsere Unterhaltung, unser Sozialleben, unser Denken und Phantasie, unsere medizinische Versorgung, die Art, in der wir Geschäfte machen und Kriege.

Aus der Perspektive der heutigen Menschen ohne Wearcomp, wird fast jeder zu einem Savant und Wunderkind.

Bei Orlando Serrell kamen die Savant-Fähigkeiten erst nach einer Hirnverletzung zum Vorschein. Der zehnjährige Orlando spielte Baseball, als ihn der Ball an der linken Seite seines Kopfes sehr hart traf. Er fiel auf den Boden, aber er stand auf, um weiter zu spielen.

Für eine Weile hatte er Kopfschmerzen. Als er wegging, bemerkte er, dass er neue Fähigkeiten erworben hatte: Er konnte komplexe Kalenderrechnungen durchführen und seit dem Tag des Unfalls erinnerte er sich an das Wetter eines jeden Tages.

Für Benutzer von Wearcomps besteht absolut keine Notwendigkeit, sich eine Hirnverletzung zuziehen, um zu einem Savant und Wunderkind zu werden.

Bei Verwendung eines Wearcomp werden Sie nie fragen ob diese Musik von Berlioz oder Bizet ist, ob diese Malerei von Monet oder Manet ist, oder wer der Kerl ist, den Sie gerade erst in einem Restaurant kennengelernt oder im Fernsehen gesehen haben. Sie werden alles „wissen", von der

Großen Enzyklopädie, in der die gesamte Kenntnis enthalten ist, die, dem *Homo sapiens* bekannt ist.

Sie werden das niemals vergessen. Sie werden sich im Bild, Video, Text und Klang jedes einzelne Detail Ihres Lebens „merken". Sie werden alle menschlichen Sprachen "können".

NIVEAU DES WETTBEWERBS

Solide Hypothesen zur Beantwortung der Fermi-Paradoxon müssen zwei wesentliche Anforderungen erfüllen: Erstens, auf dem Universum sollte es vor Leben und Intelligenz nur so wimmeln, und zweitens, die meisten intelligenten Lebewesen haben noch keinen Kontakt zueinander aufgenommen, die Funkwellen-Leckage ist noch nicht entdeckt worden, und es gibt keine konkreten Beweise für die Existenz von außerirdischen Zivilisationen.

Diese Hypothesen sollten auch einige grundlegenden Prinzipien erfüllen:

1. Ockhams Rasiermesser rät uns, die Dinge einfach zu halten.

2. Das kopernikanische Prinzip sagt aus, dass der Mensch keine ausgezeichnete, spezielle Stellung, sondern nur eine typisch durchschnittliche Stellung im Kosmos einnimmt. Die Menschen sind keine privilegierten Geschöpfe, sondern sie sind eine mehr oder weniger durchschnittliche Weltraum-Zivilisation.

3. Die Idee des Darwinismus (natürliche Selektion, harte Konkurrenz und das Überleben des Stärkeren) sollte

für alle biologischen und künstlichen Lebensformen angewandt werden.

4. Der Grundsatz der Einförmigkeit besagt, dass auf globaler Ebene die Dinge die gleichen sind, wie überall im Universum.

5. Es gibt äußerst hoch entwickelte Zivilisationen außerhalb unseres Universums und sie haben Zugang zu allem, was sich in ihm befindet.

6. Das All ist viel größer und viel älter als unser Universum, das Multiversum, das Omniversum (genannt „das Ende der Unendlichkeit"), das Metaversum, das Xenoversum, das Hyperversum usw. Was das All genau ist, weiß niemand auf dieser Erde.

Das Fermi-Paradoxon, die Probleme mit den gefährlichen, selbstreplizierenden Von-Neumann-Maschinen, die Popoff-Maschinen, die Erweiterungen der Zivilisationen in den Weltraum, und die Keimbelastung im Weltraum, sind eng miteinander verbunden. Sie sind Teil eines größeren aber einfachen Konzepts: ein Universum, das voll von gesunden Zivilisationen ist, welche die existenziellen Risiken überleben. Daher ist die gleichzeitige Entstehung der Intelligenz ein Muss. Die spät entstehenden Weltraumrassen sind dem Untergang geweiht.

In diesem Buch bleibe ich nicht an einem einzelnen Begriff der Wirklichkeit kleben, einfach weil niemand sicher weiß, welcher der wahre ist. Die Wirklichkeit könnte ganz anders sein als die gegenwärtigen wissenschaftlichen Kenntnisse.

Es ist sinnlos, über die „wahre Wirklichkeit" zu sprechen, denn wir können niemals über etwas *absolut* sicher sein.

Der schlecht gebaute und schlecht funktionierende menschliche Körper legt nahe, dass das Universum und die Menschen die Hausaufgabe eines lausigen Studenten sind. Was ist das?

Die Kreaturen in unserem Universum leben in einer Welt mit begrenzten Ressourcen: Öl, nette Partner des anderen Geschlechts, gute Gehälter, Meisterschaftspokale, überragender Whisky usw. Wenn die Ressourcen, die wir brauchen oder die wir zu brauchen glauben, reichlich vorhanden wären, gäbe es keine Konkurrenz. Die Evolution von Lebensformen und Intelligenz wäre daher sehr langsam oder fast inexistent.

Wir leben in einer Welt, die sich an Vorbildern orientiert wobei die Evolution durch Wettbewerb stimuliert wird. Eden ist ein Ort des Überflusses und des vollkommenen Glücks, in dem es keinen Platz gibt für Rivalität zwischen zwei oder mehreren Personen oder Gruppen, aufgrund eines Objekts, das sich alle wünschen, wobei es in der Regel am Ende immer einen Gewinner und einen Verlierer gibt, und manchmal Letzterer oder beide vernichtet werden. Die Lehren des Paradieses, des ewigen Friedens und der Liebe für immer, aus den goldenen Zeiten der Vergangenheit, als die Menschen in Harmonie und Brüderlichkeit lebten, oder irgendeines goldenen Zeitalters der Zukunft, sind unmögliche Mythen, weil in solchen Gesellschaften die Evolution zu langsam, oder sogar inexistent ist. Die gesunden, ewig (oder zumindest sehr lange) lebenden Mitglieder einer solchen utopischen Welt würden ihr Leben genießen, völlig zufrieden in einem vollkommen sicheren Umfeld. Aber es gäbe nicht genügend Anregungen, um etwas oder sich selbst zu verändern. Evolution bedeutet ständige Veränderungen. Veränderung ist die einzige Konstante.

In der Tat, das Paradies, vollkommenes Glück, unendliches Leben, die Auferstehung unserer Lieben oder von berühmten historischen Persönlichkeiten vom Tod, ewige Jugend, die Schaffung einer Kopie von jemandem, der bei einem Unfall starb, und andere Wunder dieser Art sind durchaus möglich. Das Modell einer begehrten Welt oder einer Person könnte durch den Vektor materialisiert werden. Wir könnten in Eden in höchster Glückseligkeit ewig leben, aber unsere Welt wird von einem anderen Modell geleitet, welches Wachstum, Entwicklung, Fortschritt erfordert, sowie eine große Anzahl von konkurrierenden Individuen und Zivilisationen, und unzählige Geburten und Todesfälle.

Die Geschwindigkeit der Evolution sollte sehr gut definiert sein.

Wenn der Wettbewerb zu hart ist, wird die aus Rivalität resultierende, Rate von Tod und Vernichtung (Kriege, Revolutionen, religiöse Auseinandersetzungen, Kriminalität, alle Arten von Unfällen, Eifersucht und so weiter) zu hoch und die Entwicklung wird sich irgendwann verlangsamen, menschliche, industrielle, finanzielle, infrastrukturelle und andere Verluste werden zu Bremsfaktoren. Die Menschen werden sehr demotiviert. Dies ist von besonderer Bedeutung, wenn intelligente Spezies sich selbst vernichtende Technologien entwickeln, wie nukleare, chemische, biologische und andere Massenvernichtungswaffen. Verwüstung und Chaos könnten so immens sein, dass solche Zivilisationen vielleicht nicht in der Lage sind, sich in einer angemessenen Zeit zu erholen. Sie würden von ihren Konkurrenten einverleibt oder zerstört werden.

Wenn das Niveau des Wettbewerbs zu niedrig ist, dann wird die Häufigkeit des Todes innerhalb einer Population als Folge des Wettbewerbs deutlich verringert und die Menschen genießen ein angenehmes Leben. Die Geschwindigkeit der Entwicklung würde aber nicht ausreichen, und solche Zivilisationen wären nicht in der Lage die Rivalität auf der Erde und der Weltraum-Rassen zu überleben.

Die künftigen Generationen aller Weltraum-Intelligenzen würden enorme Anstrengungen und Ressourcen einsetzen, in ihren Versuchen, den Vektor (so wie wir jetzt versuchen die DNA zu überarbeiten) umzuprogrammieren, um ein sicheres Leben und komfortable Umgebung bereitstellen zu können. Aber sie (einschließlich unserer Nachkommen) wären auch dem Tod ihres lokalen Sonnensystems viel näher, dem Sterben ihren Sonnen und dem thermodynamischen Ende des Universums, welches seine natürlichen Ressourcen erschöpft. Um ihre Heimat-Sternensysteme und den kolonisierten Weltraum zu verlassen, und danach auch das Universum, würden die zukünftigen Generationen riesige Mengen an Energie benötigen, sowie neue Territorien, und ungeheuer viele natürliche Ressourcen. Die intelligenten Weltraum-Rassen würden zwei primären Strategien ins Auge sehen: ein komfortables Ende ihrer Zivilisation oder ein harter Kampf, um zu überleben, wobei sie das sterbende Universum verlassen.

Die Ablehnung von Konkurrenz und eigener Weiterentwicklung bedeutet den sicheren Tod einer jeden Zivilisation.

6. KAPITEL

MEGA-INTELLIGENZ

Mega-Intelligenz (Mega-Zivilisationen) ist ein Begriff, der die reifen Intelligenzen beschreibt, die es schaffen ihre sterbenden Heimat-Universen zu verlassen. Die unser Universum bewohnenden intelligenten Spezies, einschließlich des Menschen (sollte dieser überleben), sollten dieses ebenfalls verlassen, wenn sie es schaffen wollen.

Die Mega-Zivilisationen überwachen, steuern und führen bis zu einem gewissen Ausmaß die Entwicklung der Organismen und der Intelligenzen in diesem Lebenszyklus unseres Universums. Es ist möglich, dass das Universum (und die Erde) von einigen Mega-Intelligenzen regelmäßig besucht wird, um alle Arten von Proben mitzunehmen, einschließlich Proben von intelligentem Lebensformen.

Aber warum lassen sich diese allmächtigen Wesen nicht blicken? Sie haben ihre Gründe.

In der Hoffnung auf mehr Klarheit und eine bessere Lösung, betrachte ich das Fermi-Paradoxon unter zwei Gesichtspunkten:

1. Warum fehlen uns konkrete Beweise darüber, dass unser Universum von intelligentem Leben bewohnt wird?

156 Das verborgene Alpha

2. Warum lassen sich die Mega-Zivilisationen von außerhalb unseres Universums nicht blicken? Sie verfügen über die technischen Mittel um das zu tun.

Forscher, die über das Fermi-Paradoxon diskutieren, berücksichtigen nur den ersten Gesichtspunkt, also, warum wir keinen festen Beweis darüber haben, dass intelligentes Leben unser Universum bewohnt. Hierzu könnte auch die Hypothese der gleichzeitigen Entstehung eine mögliche Antwort sein.

Aber es gibt einen weiteren Grund, warum Wissenschaftler auf dem Problem mit dem außerirdischen, intelligenten Leben verweilen müssen. Die wahre Auflösung des Fermi-Paradoxon könnte nämlich ein Schlüssel sein zu einem genaueren Verständnis des Universums, des Lebens und der Intelligenz, welche von einem Vektor orchestriert wird: eine dem Genom ähnliche Struktur und Mechanismus, die von den vielen, unserem Universum in der Zeit vorangegangen Universen, geerbt wird.

Ich stelle eine einfache Frage an mich selbst. Warum gibt es intelligente Wesen auf einer so niedrigen Stufe der Evolution wie die Menschen im Universum, wenn man erstens, die lange Zeit seit dem Beginn des Weltalls, nicht nur die bescheidenen 13,7 Milliarden Jahre seit der Entstehung unseres Universums, sondern die unzähligen Jahre und Zeiten davor, und zweitens, die unglaubliche Weite des Seins mit allen möglichen ungeheuer mächtigen Mega-Kreaturen berücksichtigt? Es scheint mir offensichtlich, dass die Evolution in dieser immens langen

Zeit und in den unzähligen Welten eine viel höhere Intelligenz hervorbringen sollte.

Menschen sind offensichtlich nicht der Höhepunkt der Entwicklung aller Materie, Leben, Intelligenz, oder was auch immer. Das anthropische Prinzip ist eine sich selbst sehr irreführende Hypothese.

Anthropozentrische Ideen betrachten den Menschen als eine zentrale Tatsache des Universums und gehen davon aus, dass der *Homo sapiens* das ultimative Ziel und Ende des Alls ist. Es betrachtet und interpretiert alles im Hinblick auf die menschlichen Werte und Erfahrungen.

Die einfachste Form des anthropischen Prinzips behauptet, dass Gott das Universum für uns Menschen geschaffen hat, und dass wir nach Seinem Bild und Gleichheit geschaffen sind. Allerdings akzeptieren manche Religionen und Überlieferungen, dass es viele Welten im All gibt, die von verschiedenen Kreaturen bewohnt werden. Damit lehnen sie den anthropozentrischen Ansatz ab, wenn es um die Interpretation von universellen Prinzipien geht.

Das anthropische, kosmologische Prinzip besagt, dass die Naturgesetze, Konstanten und Grundstrukturen unseres Universums nicht völlig willkürlich sind, sondern sie werden von Anforderungen eingeschränkt, welche die Existenz des Menschen möglich machen. Das Wort „anthropisch" kommt von *anthropikos*, und bedeutet Mensch.

Ein Universum könnte eine andere Feinabstimmung haben als unser Universum, und könnte ebenfalls Leben und Intelligenz beherbergen, die natürlich (sehr viel) anders als

158 Das verborgene Alpha

das Leben und die Intelligenz in unserem Universum sein würden. Beim Nachdenken über das Fermi-Paradoxon und das anthropische Prinzip ist die „wissenschaftliche" Aussage „das Universum hat die Eigenschaften, die es hat, denn wenn es andere Eigenschaften hätte, wären wir nicht hier, um diese Frage zu stellen", falsch. Nur andere Arten von sapiens würden die gleiche Frage stellen. Ich nehme an, dass Leben und Intelligenz in vielen Universen, mit sehr unterschiedlicher Feinabstimmung, existieren und gedeihen könnten. So unterschiedlich, dass wir uns diese Welten nicht einmal vorstellen können.

Die Menschen sind mit einer imaginären Selbstherrlichkeit aufgeblasen. Die meisten der Gelehrten können von dem Begriff anthropisch nicht lassen. Jetzt gibt es mehrere anthropische Prinzipien: das schwache anthropische Prinzip, das starke anthropische Prinzip, das letzte anthropische Prinzip, das individuelle anthropische Prinzip, das partizipatorische anthropische Prinzip usw.

Forscher prägten den Begriff „Beobachter", wobei sie erkennen, dass vielleicht die Menschen nicht das letzte Ziel und das Ende des Universums sein können. Das Hinzufügen des Wortes anthropisch zu einem gewissen ultimativen, universellen Prinzip ist enorm irreführend (eigentlich völlig falsch). Was ist mit dem Beobachter? Auch der bellende und, in Ihrem Hinterhof umher laufende Hund ist ein Beobachter. Wurde das Universum "entworfen" mit dem Ziel „Hunde" zu erzeugen und zu halten? Ich persönlich bezweifle das.

Dann wurde der Begriff geändert und der Beobachter wurde intelligent. Das Prinzip des intelligenten Beobachters (oder das Prinzip sapiens) ist sicherlich ebenfalls ein unsachgemäßer Begriff. Die altertümlichen Hirten waren intelligente Beobachter, sie waren in der Lage ihre Schafe zu heilen, wussten Geschichten, Gedichte und Mythen, hatten ihre Kosmologie, einige konnten sogar lesen, und so weiter. Aber das Universum (diese kapriziöse, große alte Dame) hörte nicht auf, sich zu entwickeln bis sie ihr endgültiges Ziel erreichte: die Erzeugung eines intelligenten Hirten. Stattdessen galoppiert es weiter, bei voller Geschwindigkeit. Offensichtlich ist intelligente Beobachtung nicht genug. Vielleicht sollten wir die Schöpfung, die Teilnahme an der Schöpfung, das Erwerben neuer Kenntnisse hinzufügen? Das ist auch nicht genug. Schon jetzt schaffen die Menschen viele Dinge. Wie wäre es mit großen wissenschaftlichen Entdeckungen?

DAS HAT ES SCHON GEGEBEN

> *Nichts ist wirklich neu unter der Sonne.*
> *Gibt es etwas, von dem man sagen könnte,*
> *„Sieh her, da ist etwas neu?"*
> *Doch es war längst schon einmal da in den Zeiten*
> *vor uns.*
> *—Ecclesiastes*

Derzeit sind wir nur dabei, das Wissen in uns aufzunehmen, welches während früherer evolutionärer

Zyklen des Universums in dem Vektor gespeichert worden war. Die so genannten großen wissenschaftlichen Entdeckungen sind tatsächlich aus dem Vektor an die Wissenschaftler weitergegeben worden, die bereit sind, diese zu verstehen und zu popularisieren. In diesem Augenblick werden Milliarden von Wissenschaftlern in unserem Universum die gleichen Theorien entdecken, welche die menschlichen Gelehrten auf der Erde herausfinden. Milliarden von Einsteins haben die Relativitätstheorie wieder entdeckt, eigentlich haben sie diese aus dem Vektor erworben. Eine ziemlich demütigende Idee! Eine der vielen Aufgaben des Vektors besteht darin, uns zu erziehen. Jetzt sind die intelligenten Lebewesen in unserem Universum (biologisch oder nicht) mehr wie (Bio-)Roboter, die, von dem Vektor geschaffen, organisiert, kontrolliert, ausgebildet usw. werden. Finden Sie die Idee nicht gut? Ich mag sie auch nicht, aber ich würde es vorziehen, die Wahrheit zu akzeptieren, anstatt eines sich selbst irreführenden, aufgedunsenen Glaubens über die große Bedeutung der menschlichen und außerirdischen Kreaturen, welche bewusst die Natur in vollem Umfang erkunden. Ich mag auch die Vorstellung, dass wir intelligente, sich selbst verwaltende, erfinderische, unabhängige, kreative und autarke Wesen mit freiem Willen sind, aber ist das wahr?

Bittere Fakten sind besser als selbst täuschende Illusionen oder Doktrinen, wenn man daran geht, die Welt zu erkunden. Tröstliche Lügen haben nichts mit Wissenschaft zu tun.

Wir haben immer noch nicht genügend Kenntnisse über die Evolution von Materie, Leben und Intelligenz, um ein klares Bild des Universums und dessen Zukunft zu bekommen, und wir können noch keine realistischen, wissenschaftlichen Schlussfolgerungen ziehen über dessen endgültige oder universelle Prinzipien. Wir können nur spekulieren.

Die wahrscheinlichste Antwort auf die scheinbar einfache Frage „Warum gibt es intelligente Wesen auf einer so niedrigen Stufe der Evolution wie die Menschen im Universum?" könnte lauten, dass sich Materie, Leben und Intelligenz in Zyklen entwickeln, und in geeigneten Agglomeraten angeordnet sind. Jetzt sind wir bei den niedrigen Stufen eines solchen Zyklus der Entwicklung in unserem gegenwärtigen Agglomerat, dem Universum. Wir haben nur Zugang auf unser Agglomerat. Die Kreaturen, die höher entwickelte Agglomerate bewohnen, haben Zugang auf die niedrigeren und lenken diese bis zu einem gewissen Grad.

Die Entwicklung unseres Universums ist der längste evolutionäre Zyklus, den wir kennen. Der modernen Wissenschaft zufolge, könnte es bis zu 100 Milliarden Jahren fortwähren. Die sich entwickelnden Universen könnten auch viel längeren evolutionären Zyklen unterworfen sein.

Was soll die Entwicklung in den Zyklen bezwecken? Warum wiederholt sich Mutter Natur in regelmäßigen Abständen? Können wir solche Zyklen auf der Erde beobachten?

162 Das verborgene Alpha

Zyklen sind ein unausweichlicher Teil der sich entwickelnden Materie, des Lebens und der Intelligenz. Ein Zyklus kann den gesamten Existenzzeitraum eines Universums andauern, aber es gibt auch eine große Anzahl von kürzeren Zyklen: Ein Jahr, ein Tag, die biologischen Zyklen des menschlichen Körpers usw. Alles (Materie oder Lebewesen) unterliegt den Zyklen. Auch die Menschen sind vielen individuellen Zyklen ausgesetzt, aber der wichtigste (aus evolutionärer Sicht) ist: Geburt, Leben in einem wettbewerbsintensiven Umfeld, damit sich die Exemplare so weit wie möglich entwickeln, und die gesammelte Information an die nächste Generation weitergeben, die genetische durch die DNA, die erworbenen, praktischen, sowie die wissenschaftlichen Kenntnisse durch Bildung, und Tod. Generationen und Universen folgen denselben Mustern. Generation für Generation, werden die Menschen weiter entwickelt und anspruchsvoller. Zyklus für Zyklus werden die Universen immer besser organisiert sein, und produzieren höher entwickelte Intelligenzen.

Die Mega-Zivilisationen aus früheren evolutionären Zyklen sind Superwesen im Vergleich zu uns, aber sie sind immer noch nicht in der Lage, den globalen Vorgang von Reproduktion und Evolution zu ändern. Unser Universum ist wie eine Art gigantischer Mutterleib, der Mega-Intelligenzen zur Welt bringt. Vielleicht wird es in der Zukunft andere Wege für die Fortpflanzung und Entwicklung von intelligenten Wesen geben, aber die wichtigsten Grundsätze werden die gleichen bleiben, zumindest für eine sehr lange Zeit.

Aber warum lassen sich die Mega-Zivilisationen nicht blicken?

Weil sie den Nachwuchs unseres Universums möchten: gesund, intelligent, wettbewerbsfähig. Auch die Mega-Zivlisationen müssen ihre Wettspiele spielen: unter ihnen sollte es Gewinner und Verlierer geben. Beim Verlassen ihrer sterbenden Universen betreten die Mega-Intelligenzen nicht irgendeine Art von Paradies, sondern eher eine weitere kompetitive Welt, die keine Gnade zeigt, wenn es um Evolution geht.

Der erste Weltkrieg, der zweite Weltkrieg, der Kalte Krieg und viele weiteren Kriege in der Vergangenheit regten die Entwicklung von Wissenschaft und Technik stark an. Es gibt genügend Studien zu diesem Thema. Ob Sie es glauben oder nicht, ob Sie es mögen oder nicht, Kriege sind einer der wichtigsten Motoren der Evolution, sowie der Entwicklung der Wissenschaften und Technologien. Sie sind die höchste Stufe des Wettbewerbs. Aber wir mögen keine Kriege, so produktiv sie auch sein mögen. Wir möchten in Frieden leben und mit guter Gesundheit, so lange wie möglich (am besten für immer). Wenn die mächtigen Mega-Zivilisationen auftauchen, würden wir sie bitten, die Kriege zu beenden, was tatsächlich das Niveau des Wettbewerbs verringern würde. Aber das ist gegen die Interessen der Mega-Intelligenzen, denn dadurch wird die Evolution viel langsamer und das Endprodukt des Universums, in der Tat, die Nachkommenschaft, die von allen Mega-Zivilisationen erwartet wird, würde sich schlechter als erwartet entwickeln.

164 Das verborgene Alpha

Sollten die obersten Mega-Zivilisationen auftauchen, würden wir sie darum bitten, unser Leben zu verlängern. Sie haben das Know-how: Menschen könnten Tausende von Jahren oder noch länger in vollkommener Gesundheit leben, kein Krebs, kein AIDS, keine Herzinfarkte... es gibt Tausende von lebensbedrohenden Krankheiten. Aber auf der anderen Seite, sind schlechte Gesundheit, zahlreiche Krankheiten und eine kurze Lebenserwartung für den Menschen großartige Anregungen, um Medizin,Wissenschaft und Technologie weiter zu entwickeln, was wiederum die Evolution beschleunigt. Das evolutionäre Modell zu verändern ist ein Tabu. Es muss noch andere, ähnliche Gründe geben, warum sie Zivilisationen wie die unsere nicht in einer offenen Art und Weise besuchen.

Die Mega-Zivilisationen lenken auch in gewissem Maße die Entwicklung von Intelligenz in unserem Universum und in anderen Universen, und sie sind vollkommen einverstanden mit dem, was sie auf der Erde und auf anderen Planeten sehen: sie sehen zahlreiche, gesunde Weltraum-Rassen, die sich sehr schnell entwickeln, genau wie sie es erwarten. Sie sollten zufrieden sein, weil ihre Nachkommen weiter entwickelt sein werden, als die Nachkommenschaft vom vorherigen evolutionären Zyklus des Universums, ebenso wie wir erwarten, dass die nächste menschliche Generation höher entwickelt sein wird als die vorherige. Wir tun unser Bestes, um sicher zu stellen, dass unsere Kinder eine bessere Bildung bekommen, gesünder sind, länger leben, und so weiter, so dass sie in allem besser werden, als wir es sind.

Vielleicht werden auch die Mega-Zivilisationen gelenkt, und es könnte eine Art mehrstufige Kreation und Kontrolle geben.

Die Mega-Intelligenzen werden uns nicht befreien von den Vorteilen des Wettbewerbs. Die Vorteile aus deren Sicht sind für uns nur Katastrophen. Sie haben nicht die Absicht, unser Leben zu verlängern (wir sollten uns selbst darum kümmern) oder das Problem der Armut zu lösen (eine weitere machtvolle Anregung), Kriege und Verbrechen zu beenden, und so weiter. Die Geschichte des Erlösers, auf den alle warten, ist nur ein Mythos, der uns Hoffnung gibt auf bessere Tage. Es ist kontraproduktiv, denn sollte es sich dennoch verwirklichen, so würde dies die Evolution nur verlangsamen. Aber das Weltgericht ist eine Realität, mit der sich die Menschheit zwangsläufig konfrontieren wird. Nicht alle Weltraum-Zivilisationen werden es in der Zukunft schaffen.

Die Mega-Zivilisationen lenken uns heimlich, zusammen mit dem Vektor, auf eine hoch geheime Art und Weise, wobei sie uns ihre Anwesenheit durch Mythologie, Religion, parapsychologische Erscheinungen, verschiedene Phänomene usw. deutlich machen. Ihr Ziel sind zahlreiche intelligente Spezies, die sich so schnell wie möglich entwickeln.

SI VIS PACEM, PARA BELLUM

Die Menschen sind immer noch am Leben, weil die Außerirdischen aus unserem Universum nicht hier sind mit ihren hohen Maschinen, ihren selbstreproduzierenden Roboter-Sonden und den außerirdischen Mikroben. Um eine große Zahl gesunder Weltraum-Zivilisationen zu produzieren, hält der Vektor sie durch große kosmische Entfernungen getrennt. Die gleichzeitige Entstehung der hoch entwickelten intelligenten Lebensformen in einem so großen, sich entwickelnden Universum, gibt den Spezies die Chance für das Überleben und den Fortschritt.

Sobald sich potentiell gefährliche bemannte Raumfahrzeuge, Von-Neumann-Sonden, Popoff-Maschinen, außerirdische Lebensformen in dem Sonnensystem einfinden, wird ein zuverlässiges Weltraum-Verteidigungssystem eine Angelegenheit von Leben und Tod sein.

In einem CNN-Interview im Juni des Jahres 2006, behauptete Stephen Hawking, dass die Begegnung mit einer außerirdischen Intelligenz dem Film *Independence Day* ähnlicher wäre als *E.T.* Es gibt jeden Grund diese Warnung zu glauben. Die Menschen sollten mehr wissen über die Vorteile und Gefahren, die sich aus den Kontakten mit außerirdischen ergeben können.

Das lebensrettende Immunsystem ist ein komplexes Netzwerk von interagierenden Zellen, Zellprodukten und Zell-bildenden Geweben, das den lebenden Körper vor Krankheitserregern und anderen Fremdstoffen schützt. Es vernichtet infizierte und bösartige Zellen und entfernt sie dann. Es gibt keine andere Art und Weise für lebende Organismen zu überleben. Wenige Minuten nachdem das

Immunsystem aufhört zu arbeiten, beginnt der Körper sich zu zersetzen.

In naher Zukunft sollten die Menschen ein zuverlässiges Weltraum-Verteidigungssystem aufbauen, ein komplexes Netzwerk aus interagierenden Menschen, künstlichen Intelligenzen, ausgereifter Software und Maschinen, das unseren gegenwärtigen Lebensraum, das Sonnensystem, schützen soll vor Krankheitserregern, quasi-lebenden Formen, selbstreplizierenden intelligenten Maschinen und Maschinenschwärmen, die von künstlichen Intelligenzen gesteuert werden, und vor allen außerirdischen Lebensformen, die für das terrestrische Leben eine Bedrohung darstellen könnten, oder unsere Umwelt auf gefährliche Weise verändern würden. Es gibt keine andere Art und Weise, damit die menschliche Rasse überleben kann.

Zukünftige menschliche Raumfahrer, die terrestrischen Roboter-Sonden und hohen Maschinen, würden bei der Erforschung und Kolonisierung der Galaxie selbst über das Weltraum-Verteidigungssystem der außerirdischen Zivilisationen stoßen, welches deren Lebensräume schützt.

Si vis pacem, para bellum is ein denkwürdiges lateinisches Sprichwort, das besagt, "Wenn Du Frieden willst, bereite Dich auf den Krieg vor."

Si vis pacem, para bellum

168 Das verborgene Alpha

7. KAPITEL

WELTSPRACHE

Ein globales Dorf ist eine Welt, die als Heimat aller Nationen und voneinander abhängigen Menschen betrachtet wird. Der Begriff wurde in dem Buch *Krieg und Frieden im globalen Dorf*, von Marshall McLuhan und Quentin Fiore im 1968 eingeführt.

Ein umfassendes globales Dorf erfordert neben den Landessprachen eine Arbeitssprache auf globaler Ebene. Es sollte eine Sprache sein, welche die Menschen als ihre eigene Sprache akzeptieren, nicht etwas, das ihnen von einem imperialen Staat auferlegt wird. Die Kinder sollten mit ihrer Muttersprache aufwachsen, sowie mit der Arbeitssprache der Welt. Die neue lingua franca sollte so neutral wie möglich sein.

Globale terrestrische Intelligenz ist die geistige Fähigkeit des Schwarms der intelligenten Lebewesen, der künstliche Intelligenzen und der hohen Maschinen, die, voneinander abhängig, auf dem Planeten leben.

Der terrestrische Schwarm ist tatsächlich unsere Bezeichnung für unsere Zivilisation, die noch immer sehr primitiv ist, und sich bislang nur auf der Erde befindet, und noch über keine künstlichen Intelligenzen und hohen Maschinen verfügt.

GLOBALE SCHAREN

Morgen wird sich unsere Zivilisation mit zwei größeren Herausforderungen konfrontieren müssen:

1. Sehr bald werden neue Mitglieder unserem globalen Dorf beitreten, die hohen Maschinen und die künstliche Intelligenz.

2. Wir beginnen die nächste Stufe des Wettbewerbs, Menschen müssen mit außerirdischen Intelligenzen aus unserer Galaxie konkurrieren.

Der Mensch und die maschinelle Intelligenz werden Partner und Konkurrenten sein, und prägen dabei allmählich die globale terrestrische Intelligenz. Die ersten neuen semi-intellektuellen Mitglieder unserer Gesellschaft werden rudimentäre künstliche Intelligenzen sein und niedrige (biologische, semibiologische und elektromechanische) Roboter.

Nur die gemeinsamen Anstrengungen von menschlicher und maschineller Intelligenz könnten dem Druck der Aliens widerstehen. Dies ist für den *Homo sapiens* die einzige Art und Weise zu überleben und zu prosperieren. Biologische Wesen, unterstützt von künstlicher Intelligenz und hohen Maschinen sind viel leistungsfähiger und haben viel bessere Chancen für das gegenseitige Überleben. Die künftigen größeren Schlachten werden zwischen den globalen Schwärmen unterschiedlicher Herkunftsplaneten stattfinden.

Eine Weltsprache ist gleichbedeutend mit einem stärkeren terrestrischen Schwarm. In naher Zukunft werden wir alle unsere Kraft brauchen, um zu überleben.

KOMMUNIKATIONSPROBLEM

Unsere heimischen künstlichen Intelligenzen und hohen Maschinen, sowohl die militärischen als auch die zivilen (persönliche, für Industrie, Forschung, Büro usw.), könnten sehr gefährlich sein, wenn sie falsch gehandhabt, missbraucht oder missverstanden werden, oder im Falle von technischen und Programmfehlern.

Roboter und künstliche Intelligenzen werden in verschiedenen Ländern und von zahlreichen Produktionsunternehmen produziert. Das Sprach- und Kommunikationsproblem von Maschine zu Maschine und von der Maschine zum Menschen, sollte erfolgreich gelöst werden. Die hohen Maschinen, die künstlichen Intelligenzen und die Menschen sollten einander verstehen, und noch wichtiger ist, dass die Maschinen richtig gehorchen, in mindestens zwei Sprachen, in der lokalen Sprache und in der lingua franca der entsprechenden Zeit. Heutzutage sollte zum Beispiel ein japanischer Roboter in der Lage sein, auf japanisch und auf englisch zu kommunizieren und zu gehorchen. Betreiber und Nutzer sollten in der Lage sein, mit den Maschinen in ihrer natürlichen Sprache sicher umzugehen. Dies ist äußerst wichtig in kritischen Situationen. Die hohen Maschinen werden auch von Kindern, kranken Menschen, betrunkenen Einzelpersonen,

172 Das verborgene Alpha

von Menschen, die unter dem Einfluss von Medikamenten und Drogen stehen, von Kriminellen, Spaßvögeln jeglicher Art, von dummen Menschen usw. genutzt werden.

Die ersten menschlichen Todesopfer, resultierend aus Fehlern, Missbrauch oder Versagen der künstlichen Intelligenz und der Roboter, werden ein großes Aufheben machen und werden zweifellos das Kommunikationsproblem an die Tagesordnung bringen.

Die künstlichen Intelligenzen und die hohen Maschinen werden Teil des Transportsystems, der Ausrüstung der Armee, unserer Häuser, der Industrie, des Gesundheitswesens usw. werden. Jedes Jahr sterben Millionen von Menschen und Dutzende von Millionen werden verletzt und Invalide, als Folge von Fehlern und Unfällen in Verkehr, Industrie, Medizin und in Krankenhäusern. Der Verstand einer einzigen künstlichen Intelligenz könnte Tausende von Robotern und riesige Transport-Systeme steuern, die von vielen Millionen von Menschen genutzt werden.

Manchmal ist es nur so einfach: Der Befehl an die künstliche Intelligenz oder die hohe Maschine wird nicht richtig erkannt oder falsch interpretiert, weil er schlecht ausgesprochen wurde oder unklar ist. Die Kommandos des Betreibers in der Zweit-oder Fremdsprache sind nicht gut genug. Sogar Muttersprachler sprechen die Worte oft schlecht aus oder ihre Aussagen sind nicht klar genug oder unzureichend.

Natürlich wird die Software der künstlichen Intelligenz und der hohen Maschinen narrensicher sein, aber niemand kann die Kandidaten für die Darwin-Auszeichnungen und dergleichen aufhalten, die sich selbst auswählen und leider auch viele andere Leute, aus dem terrestrischen Genpool.

Es sollte eine gemeinsame Sprache für alle künstlichen Intelligenzen, hohen Maschinen und Menschen geben, damit alle Individuen kommunizieren und sicher arbeiten können, unabhängig von ihrer Muttersprache. Man kann von einem Roboter in einem kleinen Balkanstaat kaum erwarten, dass er eine seltene afrikanische oder asiatische Sprache kennt, auch wenn er mit dem Internet verbundenen ist, weil die Maschine Schwierigkeiten hat, einen betrunkenen Touristen zu verstehen, wenn er in einer obskuren Sprache lispelt. In diesem Beispiel würde der Tourist nicht den richtigen Service erhalten, aber in vielen Fällen würde der Vorfall katastrophal enden.

Die Annahme einer globalen Sprache und Softwarematrizen für die Kommunikation mit künstlichen Intelligenzen und Maschinen wäre ein guter Anfang, denn das würde eine bessere Kontrolle und ein geringeres Risiko von Missbrauch bieten.

Die Sprache ist ein wichtiges Werkzeug für den Erfolg im Wettbewerb, bei Kooperation und Fortschritt, sie kann aber auch Menschen töten.

KEINE SPRACHE WÄHRT EWIG

Die lingua franca der modernen Welt ist Englisch, aber sie sollte modernisiert und vereinfacht werden, um unter den besten Kandidaten für die Weltsprache der nahen Zukunft zu sein.

Für die meisten Leute ist es selbstverständlich, dass Englisch die allgemeine Weltsprache sein wird, und das für immer.

So ist dieses Buch aus der Perspektive der Zukunft in einer toten englischen Sprache geschrieben.

Aus der Perspektive der Zukunft ist fast alles tot, Buchautoren und die Leser der Bücher, 99 Prozent der neuen Ideen, Theorien, Hypothesen und die großen Kulturen sind ebenfalls tot. *Le Roi est mort, vive le Roi!*

Wir wissen nicht, welche die globale Sprache der Menschen in den kommenden Zeiten sein wird. Vielleicht wird es nicht eine einzige dominante Sprache sein, sondern mehrere, die jeweils über mehrere Hunderte oder Tausende von Jahren fortdauern.

Im Mittelalter (5. bis 15. Jahrhundert, von dem Zusammenbruch des Römischen Reiches bis zum Beginn der Renaissance), während der Renaissance (14. bis 17. Jahrhundert) und in der frühen Neuzeit (bis 18. Jahrhundert), galt Englisch, eine westgermanische, von deutschen Invasoren nach Großbritannien gebrachte Sprache, als eine unwichtige Sprache. Latein war die „Sprache für alles ernsthafte Schreiben."

Als England ein Weltreich wurde, betrug seine Bevölkerung zwischen 5 und 8 Millionen Menschen, und zur Zeit des Zusammenbruchs waren es rund 40 Millionen. Das war nicht genug, um eine Weltsprache zu fördern.

Auf der globalen Bühne ist Englisch als lingua franca ein Newcomer. Seine Dominanz begann erst nach dem zweiten Weltkrieg. Die mächtigen Motoren hinter dem Aufstieg der englischen Sprache sind die USA und das Internet.

Hätte das Internet bereits existiert, als die lateinische Sprache die Welt regierte, wäre Latein jetzt unsere Weltsprache.

Die massive Nutzung des Internets schafft ein neues Sprachphänomen, welches dem modernen Englisch eine noch nie da gewesene Stärke verleiht, und es in die Sprache der Menschheit verwandelte. Milliarden von Nutzern verwenden die gleiche Sprache. Englisch ist keine Landessprache mehr.

Die massive Verwendung der englischen Sprache durch Milliarden von Menschen, künstlichen Intelligenzen und hohen Maschinen wird es erforderlich machen, dass die Sprache verbessert und rationalisiert wird. In naher Zukunft wird die Weltsprache zu einer Meta-Sprache werden, wobei neue Ebenen der Abstraktion einschließlich neuer Elemente der Kommunikation zwischen Mensch, Maschine und künstlicher Intelligenz geschaffen werden.

Für die Menschen der Zukunft, wird sie einfach eine reguläre Sprache sein. Unsere aktuelle Sprache, hingegen, wird für diese Menschen nur ein Artefakt aus einer primitiven Vergangenheit sein.

„Damit verbunden ist die Tatsache, dass wir die Sprache der, sagen wir, Chaucer (1400), Shakespeare (1600), Thomas Jefferson (1800) und George W. Bush (2000) allesamt als ‚Englisch' bezeichnen, aber man kann mit Sicherheit behaupten, dass sich nicht alle untereinander verstehen würden. Shakespeare könnte in der Lage gewesen sein, sich mit einigen Schwierigkeiten, mit Chaucer oder mit Jefferson zu unterhalten, aber Jefferson (und sicherlich auch Bush) würden für Chaucer einen Dolmetscher benötigen. Die Sprachen verändern sich allmählich mit der Zeit, wobei das Verständnis bei aufeinander folgenden Generationen erhalten bleibt, aber es ergeben sich eventuell sehr unterschiedliche Systeme," schrieb Stephen R. Anderson in *Wieviele Sprachen gibt es auf der Welt.*

Der Ausgang des Zweiten Weltkriegs hat entschieden, welche Sprache die Weltsprache werden würde: Amerikanisch oder Deutsch.

Hätte die USA in der Vergangenheit die spanische Sprache angenommen, wäre jetzt Spanisch die Weltsprache.

Die deutsche, französische und britische Sprachen haben verloren - die amerikanische Sprache hat gewonnen.

Jetzt nutzen mehrere Länder die Tatsache, dass ihre Sprachen sehr nahe an der Sprache der Amerikaner und des Internets sind.

Wenn Deutschland nicht den fatalen Fehler gemacht hätte, in die Sowjetunion einzudringen, würden wir jetzt in deutscher Sprache schreiben und die Sprache des Internets wäre auch deutsch. Die Weltreservewährung würde die Deutsche Mark oder die Reichsmark sein.

Im Laufe der menschlichen Geschichte, gibt es viele „wenn", aber nur eine Realität.

Weltsprachen kommen und gehen. Ägyptisch, Sumerisch, Akkadisch, Latein, Englisch (aus der Perspektive der Zukunft), Sanskrit... sind tote Sprachen, obwohl sie maßgeblich waren während ihrer Hoch-Zeiten.

Es gibt heute ungefähr zwischen 6.500 und 7.300 lebende Sprachen.

Möglicherweise werden nur einige hundert von diesen überleben.

Mehr als die Hälfte aller Sprachen haben heute weniger als 10.000 Sprecher, mehr als ein Viertel sogar weniger als 1.000 Sprecher.

390 Sprachen haben mehr als 1 Million Sprecher.

Nur 30 Sprachen haben mehr als 40 Millionen Sprecher, was als eine der Voraussetzungen für eine lebendige und eigenständige Kultur gilt.

Englisch breitet sich als Weltsprache aus, nicht aber als eine Muttersprache. Mehr als eine Milliarde Menschen weltweit sprechen Englisch, aber nur etwa 375 Millionen von ihnen als erste Sprache, und diese Anzahl lässt keinen signifikanten Anstieg verbuchen. Die Zukunft der englischen Sprache ist in den Händen der Menschen, die sie als Zweitsprache sprechen, deren Anzahl doppelt so hoch ist, wie die der englischen Muttersprachler, und ihre Zahl steigt rapide an. Sie könnten sich dafür entscheiden, eine andere Sprache als Weltsprache anzunehmen oder Englisch zu verbessern, indem sie es zu ihrer Arbeitssprache machen - ohne sich dafür zu interessieren, wie die englischen

Muttersprachler darüber denken. Für sie wird die neue Weltsprache lediglich ein bequemes Instrument für die Kommunikation sein.

Die Zweitsprachler auf unserem Planeten brauchen kein Englisch. Sie benötigen eine lingua franca, und sie sind eine ständig wachsende Mehrheit.

Auf der anderen Seite werden die lebende Spracherkennung und die unmittelbare maschinelle Übersetzung den Einfluss der englischen Sprache verringern.

Die Zukunft der englischen Sprache liegt in den Händen von Ländern außerhalb der englischsprachigen Kerngruppe.

Es gibt verschiedene Ansätze zur Lösung des Problems der Kommunikation und zur Annahme einer Weltsprache. Einer der möglichen Ansätze ginge über eine gemeinsame europäische Sprache.

GEMEINSAME EUROPÄISCHE SPRACHE

Das Konzept einer gemeinsamen europäischen Sprache ist sowohl aus einem theoretischen als auch aus einem praktischen Gesichtspunkt von Bedeutung.

Theoretisch ist eine gemeinsame Sprache der Schlüssel zur Beantwortung vieler Fragen über effektive Kommunikation in der Europäischen Union, aber in Wirklichkeit gibt es noch keine befriedigende Lösung für dieses Problem.

Vor etwa 5.000 bis 8.000 Jahren, sprachen die Europäer eine gemeinsame Sprache, welche von den Gelehrten als Proto-Indo-Europäisch bezeichnet wird.

Um etwa 3.000 V.CHR., verließen die Indo-Europäer ihre Heimat, die Steppenregion nördlich des Schwarzen Meeres, und wanderten in die unterschiedlichsten Richtungen. Im Laufe der Jahrhunderte entwickelte sich ihre gemeinsame Sprache zu der modernen Indo-europäischen Sprachfamilie.

Jetzt, mit der Schaffung, Entwicklung und Erweiterung der EU sollten die Europäer ihr Spracherbe zusammentragen und neben der nationalen Landessprache erneut eine gemeinsame Sprache sprechen.

Die am häufigsten vorgeschlagenen Optionen zur Lösung der zunehmenden sprachlichen und kommunikativen Probleme in der Europäischen Union sind:

1. Alle Sprachen der EU werden lingua franca sein, eine Idee, die nicht funktionieren wird. Im Augenblick gibt es 27 Mitgliedsstaaten und in naher Zukunft werden es mehr als 30 sein.

Im Jahr 2012 gab es in der Europäischen Union 23 offizielle Arbeitssprachen: Bulgarisch, Tschechisch, Dänisch, Holländisch, Englisch, Estländisch, Finnisch, Französisch, Deutsch, Griechisch, Ungarisch, Irisch, Italienisch, Lettisch, Litauisch, Maltesisch, Polnisch, Portugiesisch, Rumänisch, Slowakisch, Slowenisch, Spanisch und Schwedisch.

Die authentische Übersetzung der Computersprache ist bereits seit Jahrzehnten ein Heiliger Gral der Software-

Designer. Die Verwendung von Computerübersetzungen wird von großem Nutzen sein, aber sie kann das Sprachproblem nicht wirklich lösen.

2. Eine neutrale Sprache, basierend auf Latein oder Esperanto, oder eine andere, geplante oder tote Sprache, wird zur gemeinsamen Sprache werden. Es ist schwer zu glauben, dass die EU-Institutionen über eine solch äußerst unrealistische Idee ernsthaft diskutieren würden.

3. Eine oder zwei der offiziellen Sprachen der EU werden gemeinsame Sprachen werden - ein realistischer, aber sehr diskriminierender Ansatz. Die Verwendung einer Landessprache als gemeinsame Sprache würde politische, kulturelle und sprachliche Eifersucht verursachen, und die Muttersprachler würden einen unfairen Vorteil genießen. Der wichtigste Kandidat ist Englisch, plus Französisch zum balancieren.

Die Versuche, die Sprachen der Mitgliedstaaten zu Arbeitssprachen der EU zu machen, werden darauf hinauslaufen, dass ihnen das amerikanische Englisch aufgezwungen wird, das ja jetzt schon die inoffizielle gemeinsame Sprache der Europäer ist.

Bereits rund 70 Prozent der Kommunikation zwischen den europäischen Institutionen und den Institutionen der Außenwelt, finden nun auf Englisch statt.

Die englische Sprcahe hat viele Vorteile. Amerikanisches Englisch ist die am meisten gesprochene Sprache der Welt. Englisch ist auch die lingua franca des Internet. In Europa lehren mehr als 90 Prozent aller Schulen und Universitäten Englisch. 65 Prozent der jungen nicht britischen Europäer behaupten, „recht gut" Englisch zu sprechen.

Englisch ist die am meisten gesprochene Zweitsprache der Welt.

Aber Englisch als gemeinsame europäische Sprache aufzuzwingen, ist für die meisten Mitgliedsländer aus vielen Gründen nicht akzeptabel: die Sprache einer Minderheit würde der Mehrheit der europäischen Bürger aufgezwungen werden. Die Bevölkerung der Europäischen Union beträgt mehr als fünfhundert Millionen Menschen Die am meisten gesprochene Muttersprache in Europa ist Deutsch, mit etwa 90 Millionen Muttersprachlern, gefolgt von Französisch. Italienisch und Englisch teilen sich den dritten Platz.

Eine neutrale Sprache, die auf einigen gängigen Sprachen basiert, wäre eine geeignete Wahl.

Der Wortschatz des modernen Englisch ist etwa zur Hälfte germanischen Ursprungs und zur Hälfte romanisch (Italienisch, Altfranzösisch, Bretonisch und Latein) mit altnordischen und altgriechischen Elementen, mit zunehmenden Importen in Wissenschaft und Technologie aus toten Sprachen und zahlreichen Leihwörtern aus vielen anderen Sprachen Ein solches Vokabular macht Englisch zu einem guten Kandidaten.

Die relativ einfache Grammatik des Englischen stellt einen weiteren Pluspunkt dar.

Aber die englische Schreibweise ist notorisch schwierig und unlogisch, es dauert viel länger, diese zu lernen, im Vergleich zu regelmäßigeren Systemen. Millionen

182 Das verborgene Alpha

Muttersprachler sind funktionelle Analphabeten, rund 7 Millionen britische Erwachsene und 40 Millionen Erwachsene in den USA.

Das widerspricht offensichtlich den wichtigsten Zielen der EU-Mitgliedsstaaten wie z.B., „die Union zum wettbewerbsfähigsten und dynamischsten wissensbasierten Wirtschaftsraum in der Welt zu machen", oder des „freien Verkehrs von Wissen, Wissenschaftlern und Technologie" usw.

Aber eine gemeinsame europäische, auf einem reformierten Englisch basierende Sprache, mit vereinfachter Rechtschreibung und Grammatik, würde eine gute Wahl sein.

Es gibt *keine andere* gemeinsame Sprache, die von den Europäern einfacher und schneller gelernt werden könnte. Dies ist die kürzeste und einfachste Art und Weise, die Kommunikations- und Sprachprobleme zu lösen.

Es ist ein wichtiger Punkt zu klären: Dieser Vorschlag hat nicht die Absicht, die englische Sprache für die Muttersprachler in Großbritannien, den USA und in anderen Ländern zu reformieren, sondern sie fördert eine Bemühung, den einfachsten und effektivsten Weg zu finden, um eine gemeinsame europäische Sprache zu schaffen, um ein gemeinsames Europa mit einer gemeinsamen Arbeitssprache neben den offiziellen Landessprachen zu ermöglichen. Die englischen Muttersprachler werden weiterhin ihre traditionelle Aussprache, Rechtschreibung und Schrift verwenden. Auf diese Weise wird britisches Englisch eine

Landessprache in Europa sein, genauso wie Französisch, Deutsch, Spanisch und so weiter.

Bei einem idealen Rechtschreibsystem entsprechen die Buchstaben den Sprachlauten.

Im lateinischen Alphabet gibt es 26 Buchstaben, aber es gibt über 40 (Phoneme) in der englischen Sprache. Streng phonemische Systeme (ein Symbol für jeden englischen Laut) haben ein paar Alternativen: mit einem völlig neuen Alphabet, das Hinzufügen von Umlauten, den Fall als signifikant zu behandeln, oder das Hinzufügen von Symbolen. Diese Systeme sehen sehr seltsam aus und sind schwer zu lesen.

Pragmatische Rechtschreibung muss einfach und leicht zu lesen sein, indem nur das bestehende lateinische Alphabet verwendet wird, und unter Vermeidung von Umlauten und zusätzlichen Symbolen.

Die Schreibweise könnte durch die Zusammenlegung ähnlicher Phoneme vereinfacht werden. Auf diese Weise könnte man die Anzahl der Phoneme verringern. Eine weitere Methode wäre eine leichte Veränderung der Aussprache von einigen Wörtern. Dies würde kein Problem sein, denn es gibt keinen Standard für die englische Aussprache und die Wörter werden ganz unterschiedlich ausgesprochen, in ganz England, Amerika, Kanada, Australien und Neuseeland.

Viele Sprachen haben eine Rechtschreibreform erfahren.

184 Das verborgene Alpha

Das folgende Beispiel veranschaulicht die natürliche Entwicklung der englischen Sprache und das vorgeschlagene Rechtschreibsystem. Das *Gebet des Herrn*, auch bekannt als *Vater unser* oder *Pater noster,* ist möglicherweise der bekannteste Text, den man über die Zeit verfolgen kann.

Altenglisch, um 1000 n. Chr.:
Fæder ure þuþe eart on heofonum
si þin nama gehalgod
tobecume þin rice
gewurþe þin willa
on eorðan swa swa on heofonum
urne gedæghwamlican hlaf syle us to dæg
and forgyf us ure gyltas
swa swa we forgyfað urum gyltendum
and ne gelæd þu us on costnunge
ac alys us of yfele soþlice.

Mittelenglisch, John Wyclifs Bibel, 1384
Oure fadir þat art in heuenes halwid be þi name;
þi reume or kyngdom come to be.
Be þi wille don in herþe as it is doun in heuene.
yeue to us today oure eche dayes bred.
And foryeue to us oure dettis þat is oure synnys as we oryeuen to oure dettouris þat is to men þat han synned in us.
And lede us not into temptacion but delyuere us from euyl.

Modernes Englisch:

Our Father in heaven, hallowed be your name,

May your kingdom come,

May your will be done, as in heaven, so on earth.

Give us today our daily bread.

And forgive us our debts, as we also have forgiven our debtors.

And lead us not into temptation, but deliver us from the evil one,

for yours is the kingdom and the power and the glory

forever. Amen.

Ein Beispiel der vorgeschlagenen Schreibweise:

Auwr fadwr in hevwn, haloud bi iuwr neim,

Mei iuwr kingdwm kam,

Mei iuwr uil bi dan, az in hevwn, so on wrf.

Giv ws tudei auwr deili bred,

Ent forgiv ws auwr dets, az vi olso hav forgivwn auwr detwrs.

Ent liid ws not intu tempteishwn, bwt delivwr ws from dw ivwl uan,

for iuwrs iz dw kingdwm ent dw pauwr ent dw glori

forevwr. Amen.

Natürlich könnte die Schreibweise der Wörter anders sein, als in diesem Textbeispiel, aber sie müsste phonemisch sein.

186 Das verborgene Alpha

Das Erstellen eines neuen Wörterbuchs erfordert eine Menge Arbeit, aber ein großer Teil davon würde von Computern geleistet werden, wobei eine signifikante Verringerung der Zeit und Kosten erreicht wird.

Einfache Software könnte Texte aus der traditionellen Orthographie in die Europäische umwandeln und umgekehrt. Auf diese Weise könnten die englischen Muttersprachler leicht mit der Europäischen Sprache umgehen.

Eine Rechtschreibprüfung wird die anfänglichen Fehler bei der Verwendung der europäischen Sprache auf einfache Weise korrigieren.

Die massive Verwendung des Europäischen als Arbeitssprache, von 500 Millionen Sprechern, wird diese zweifellos verändern. Wörter und Sätze der Landessprachen werden ihre Wege in die Europäische Sprache finden. Sprachen sind immer schon gewachsen und haben sich angepasst, wenn sie mit unterschiedlichen Kulturen in Kontakt gekommen sind.

Die europäische Arbeitssprache wird ihr eigenes Vokabular und ihre eigene Grammatik entwickeln und wird eine andere Sprache werden, aber immer noch eng verwandt sein mit dem britischen und amerikanischen Englisch.

Die Europäer könnten drei Sprachen in ihrer Ausbildung verwenden: die erste Sprache - ihre Muttersprache, die Zweitsprache - die vorgeschlagene Europäische Sprache, die dritte Sprache, optional - eine Fremdsprache eines der Mitgliedsstaaten oder Russisch,

Japanisch, Arabisch, Mandarin (oft auch als Chinesisch bezeichnet) usw., oder eine der großen toten Sprachen wie Latein.

Die Begriffe „offizielle Sprache" und „Arbeitssprache" werden oftmals miteinander verwechselt. Die europäischen Landessprachen sollten Amtssprachen der EU bleiben, und die vorgeschlagene Europäische Sprache könnte die Arbeitssprache der Union sein.

Die EU-Bürger sollten das Recht haben, ihre Korrespondenz an irgendeine offizielle Stelle oder Dienststelle der Europäischen Union in ihrer Landessprache zu richten und eine Antwort in derselben Sprache zu erhalten.

Alle offiziellen Entscheidungen der Europäischen Union (Gesetze, Verordnungen, Richtlinien, Empfehlungen, Gerichte usw.) und wichtige Diskussionen, sollten ebenfalls in den Amtssprachen der Europäischen Union veröffentlicht werden.

Dieser Vorschlag für eine gemeinsame europäische Sprache bietet die praktischste und effektivste Lösung für die Kommunikations- und Sprachprobleme der EU, weil sie:

die sprachliche, politische und kulturelle Vielfalt garantiert. Alle offiziellen Landessprachen und Bürger werden in der gleichen Weise behandelt.

Effizienz in Kommunikation und Bildung bietet.

über eine streng phonetische Schreibweise und eine
einfache Grammatik verfügt.

den schnellsten, einfachsten und preiswertesten Weg
darstellt, zur Lösung von Sprach- und
Kommunikationsproblemen.

für ein einfaches und schnelles Erlernen der englischen
Sprache sorgt, da beide Sprachen miteinander verwandt
wären.

die Gleichheit in der Kommunikation gewährleistet und
den Muttersprachlern keine Vorteile bietet.

Übersetzungskosten reduziert.

den politischen, wirtschaftlichen und kulturellen
Zusammenhalt der Europäischen Union fördert.

ein ausgezeichneter Kandidat für eine Weltsprache ist.

8. KAPITEL

DIE INVASION DER AUSSERIRDISCHEN &
DER INDEPENDENCE-DAY-MYTHOS

*Er hatte einen zehnjährigen Sohn, dem er
anvertraut, was das Broadway Publikum mag oder
nicht mag. Er sagt, das mentale Alter ist ungefähr
das Gleiche.*
*—Cyril und das Broadway Musical,
Jeeves und Wooster, britische Comedyserie*

Angenommen, einige überlegene Außerirdische sind
nicht böse. Sie fallen nicht auf die Erde ein und töten keine
Menschen mit Hightech-Waffen. Mehrere außerirdische
Raumschiffe dringen in das Sonnensystem ein und die
robotische Arbeitskraft der außerirdischen Zivilisation
beginnt mit dem Bau von unterirdischen Basen und
Fabriken, von Infrastruktur und Raumfahrtzentren auf
Mond und Mars, setzt Raumstationen in ihre Umlaufbahnen
und beginnt mit der Produktion großer Mengen von allen
möglichen Gerätschaften, Maschinen, Robotern, Sonden,
Raumschiffen und Kraftstoffen.

Menschen versuchen verzweifelt, mit ihnen zu
kommunizieren, um einige wichtige Antworten zu
bekommen. Es gibt jedoch keine Antwort auf unsere
Kontaktversuche. Die Menschen werden einfach ignoriert.

190 Das verborgene Alpha

Aliens sind nicht böse und sie greifen uns nicht an - sie benötigen einfach nur Raumfahrtzentren für ihre Kolonisierungs- und Explorationspläne in diesem Teil der Galaxie: das bedeutet Flugsicherungstürme, ein Raumfahrtkontrollzentrum für die Steuerung der Raumschiffe im Sonnensystem und der Galaxie, Radare, Kommunikationseinrichtungen, Hangars, Rettungsdienste, Passagiereinrichtungen, ein leistungsfähiges, ausgereiftes Abwehrsystem gegen militärische und natürliche Bedrohungen, technischer Kundendienst für Raumschiffe, Fracht-Terminal, Kraftwerke, Reparatur-Stationen für Raumschiffe, Wartungspersonal für Roboter usw. Die habitablen Mond und Mars sind sehr bequem, weil sie noch unbewohnt sind von lokalen oder anderen außerirdischen Rassen, und nicht kolonisiert sind durch hohe Robotermaschinen aus der Erde oder aus anderen Zivilisationen. Die Aliens stellen für uns vorerst in keiner Weise eine direkte Bedrohung dar. Werden wir sie angreifen? Sollten wir sie angreifen? Warum sollten wir sie angreifen, wenn sie keine unmittelbare Gefahr für uns sind? Nur, weil wir uns nicht bequem und sicher fühlen, mit solch einer äußerst hoch entwickelten Zivilisation in unserer Nähe, die uns jeden Augenblick vernichten könnte? Sie fallen nicht auf die Erde ein, sie besiedeln einfach nur den Mars, den Mond und die Galaxie auf eine friedliche Weise.

Kann sich die menschliche Zivilisation selbst schützen gegen unerwünschte (und möglicherweise gefährliche) Besuche oder Aggressionen von Außerirdischen? Können wir den Zugang zum Sonnensystem kontrollieren? Können wir „unseren" Mond und Mars, „unser" Sonnensystem beschützen? Wir brauchen den Mond, den Mars und andere Weltraumkörper des Sonnensystems für unsere eigene Kolonialisierung des Weltraums und um ein Weltraum-Verteidigungssystem aufzubauen, wodurch sich die Chancen der Menschheit verbessern, zu überleben. Ohne sie sind wir auf der Erde verwurzelt und können nicht überleben. Stützpunkte von Außerirdischen auf dem Mars, auf dem Mond und auf anderen Weltraumkörpern sind eine ständige potenzielle Gefahr für einen schnellen und tödlichen Angriff auf die Erde. Wir und unsere Welt sind eine leichte Beute.

Verfügen wir über die wissenschaftlichen, technologischen und militärischen Kapazitäten, um die Menschen, unseren Lebensraum und das Sonnensystem zu schützen?

Nein!

Die Antwort lautet zwangsläufig nein!

Außerirdische, die in der Lage sind, den interstellaren Weltraum zu durchqueren, müssen uns um Tausende von Jahren in Wissenschaft und Technik voraus sein. Wir können nicht zurückschlagen. Sie könnten sehr leicht die Erde besetzen oder alle Menschen vernichten, oder alle Weltraumkörper im Sonnensystem besiedeln.

In den Filmen über Invasionen durch Außerirdische und in Science-Fiction-Romanen, besiegen die Menschen tapfer die außerirdischen Invasoren. Es ist äußerst naiv, so einen Unsinn zu glauben. Nur Gleichwertige oder Stärkere sind in der Lage, bei Angriffen von sternreisenden Zivilisationen zurück zu schlagen.

Die Armee des Römischen Reiches eroberte einen großen Teil der zivilisierten Welt dank der, für ihre Zeit, überlegenen Waffen und einer genialen Militärstrategie. Es war eine der größten Streitkräfte in der Geschichte der Menschheit.

Die römische Artillerie schleuderte große Steine, Bolzen und flammende Kugeln aus dem Wurf. Die Marine verwandelte das Mittelmeer in einen weitgehend friedlichen „Römischen See", der von den Römern *Mare Nostrum,* „Unser Meer", genannt wurde. Die Grundausrüstung der Soldaten bestand aus: Schwert, Wurfspeeren, Wurfpfeilen, Helm, Rüstung und Schild. Die römischen Soldaten verwendeten den Bogen nicht sehr oft. Sie benutzten Speere und Pfeile. Die Sagittarii (Bogenschützen) gehörten zu den Hilfstruppen, zur Infanterie oder zur Kavallerie. Die römische Armee heuerte in der Regel Horden an, oft zu Pferde, die dafür bekannt waren, gute Bogenschützen zu sein.

Aber wäre das berühmte Exercitus Romanorum (die Armee des römischen Reiches) in der Lage, eine moderne Armee zu besiegen? Keine Chance! Selbst auf dessen Höhepunkt im Jahr 117 AD, als das Reich eine Bevölkerung von etwa 65 Millionen Menschen hatte, egal wie tapfer oder wie genial sie auch waren.

Die römischen Wissenschaftler könnten sich die Waffen unserer heutigen Armeen nicht einmal vorstellen. Sie hatten absolut keine Ahnung von Atombomben, welche in der Lage sind alle Menschen auf der Erde zu vernichten. Die römischen Gelehrten hatten nicht die geringste Ahnung von Funkgeräten, Radar, Kommunikation über Satellitenfunk, Beobachtungssatelliten, gängige Armeegewehre, Pistolen, Maschinengewehre, moderne Artillerie, Panzer, Hubschrauber, Flugzeuge, Raketen, nukleare und normale U-Boote, die über Monate unter Wasser bleiben können und die Ozeane durchqueren... Die Liste aller verfügbaren moderner Waffen ist sehr lang.

In analoger Weise können wir uns die Waffen und die Macht einer außerirdischen Zivilisation, die uns 2.000 Jahre voraus ist, nicht einmal vorstellen, vor allem, wenn wir die exponentielle Entwicklung der modernen Wissenschaft und Technik berücksichtigen. Wir haben absolut keine Ahnung von den Waffen der Zukunft, welche innerhalb von wenigen Minuten das gesamte Sonnensystem zerstören könnten, oder auch nur das Leben in diesem, oder sie könnten alle Menschen kontrollieren, auch ohne daß wir es wissen.

Die Zeitdifferenz zwischen dem Römischen Reich und unserer Zivilisation beträgt weniger als 2.000 Jahre, und die Römer hätten keine Chance, eine zeitgemäße Armee zu besiegen oder abzuwehren.

Aber was wäre, wenn der technologische Unterschied nicht 2.000 Jahre betragen würde, sondern viel geringer wäre, sagen wir einmal 27 Jahre. Das ist eine geringer Unterschied. Haben wir eine Chance, wenn eine außerirdische Armee hypothetisch nur 27 Jahre vor uns ist? Die Antwort lautet wiederum nein!

Der erste Weltkrieg endete im Jahr 1918. Der zweite Weltkrieg endete im Jahr 1945. Die technologische Zeitdifferenz beträgt 27 Jahre.

Könnten die Armeen des Ersten Weltkriegs die Streitkräfte des Zweiten Weltkriegs überwinden?

Vergleichen wir die beiden Armeen, die nur durch einen Zeitraum von 27 Jahren getrennt sind.

Ich werde mit der militärischen Luftfahrt beginnen, da die Meister des Himmels den Krieg gewinnen würden. Beherrschen Sie die Luft, dann werden Sie über das Land herrschen!

Die meisten der Flugzeuge des 1. Weltkrieges waren Doppeldecker aus Holzrahmen, die mit Stoff überzogen waren. Die im Jahr 1915 gebaute deutsche Junkers J 1, war weltweit das erste zweckmäßige Ganzmetall-Flugzeug, aber es wurde niemals an der Front eingesetzt. Das Flugzeug war zu einer Höchstgeschwindigkeit von 170 km/h (106 mph) befähigt.

Die Höchstgeschwindigkeit der schnellsten Flugzeuge des Ersten Weltkriegs lag zwischen 160 km/h (100 mph) und 225 km/h (140 mph).

Die Höchstgeschwindigkeit der schnellsten Flugzeuge des Zweiten Weltkriegs war wesentlich höher, sie lag zwischen 800 km/h (500 mph) und 1000 km/h (600 mph). Die Messerschmitt Me 163 Testpilot erreichte, im Jahr 1944, 1.123 Stundenkilometer (698 mph).

Die Messerschmitt Me 262 war weltweit das erste einsatzfähige Düsen-Jagdflugzeug. Die Serienproduktion des Jets begann im Jahr 1944. Maximale Geschwindigkeit: 900 km/h (559 mph). Dienstgipfelhöhe: 11.450 m (37.565 ft). Der Kampfjet war sehr gut bewaffnet: vier 30 mm Kanonen, 24 Flugabwehr-Raketen, 2 Bomben x 250 kg (550 lb) oder 2 x 500 kg (1.100 lb).

Die Messerschmitt Me 262 war im Vergleich zu den alliierten Kampfflugzeugen viel schneller und besser bewaffnet.

Die Zweisitzer Nachtjägerversion war auch mit einem Luftabfangradar ausgestattet.

Die Messerschmitt Me 262 war ein ausgezeichneter Tag- und Nachtbomber-Abfangjäger mit einer leistungsfähigen Bewaffnung. Der Geschwindigkeitsvorteil des Düsenjets war so groß, dass er die schweren Bomber der Alliierten leicht abfangen und zerstören konnte, wobei sie sich über deren viel langsamere Schwärme von Kolbenmotor- Begleitjagdflugzeugen hinwegsetzten, sowie über die Maschinengewehre der Bomber.

Jede der 24 Flugabwehr-Raketen war mit genug Treibstoff versehen, um von einer Entfernung von 1000 m abgefeuert zu werden, so dass der Düsenjet außerhalb des Bereichs der defensiven Waffen der Bomber bleiben konnte.

Die Deutschen verwendeten die ersten Düsenjäger im Zweiten Weltkrieg. Allerdings wurden die Messerschmitt Me 262 und andere Hightech-Waffen der Zeit zu spät entwickelt, um den Verlauf des Krieges zu ändern.

Die, von der Boeing Aircraft Company hergestellten, B-29-Bomber des Zweiten Weltkriegs, waren die ersten schweren Langstreckenbomber, die von den Vereinigten Staaten eingesetzt wurden. Die wichtigste Entwicklung für die Bombardierung von Japan war die B-29 Superfortress, mit einer Reichweite von 2.400 km bis zu 2.900 km (1.500 Meilen bis zu 1.800 Meilen) bei Geschwindigkeiten von bis zu 563 Stundenkilometer (350 mph). Fast 90 Prozent der Bomben (147.000 Tonnen) und die beiden, über Japan abgeworfenen Atombomben, wurden von Bombern, die mit Druckkabinen dieser Art versehen waren, befördert. Bewaffnung: zehn .50-Kaliber (12,7 mm) Maschinengewehre in ferngesteuerten Geschütztürmen und 9.000 kg Bomben. Er verfügte über anspruchsvolle Funk- und Radaranlagen.

Die Dienstgipfelhöhe des B-29 Bomber betrug 10.000 m (31.850 ft). Die Kampfflugzeuge des ersten Weltkriegs verfügten über eine maximale Dienstgipfelhöhe von bis zu 7.000 m, sie konnten die B-29 nicht erreichen. Das konnten auch die Flakfeuer nicht.

Die B-29 waren in der Lage, bei Tag und bei Nacht, feindliche Ziele mit großer Präzision zu bombardieren.

Zwischen 1939 und 1945 warfen die Alliierten 3,4 Millionen Tonnen Bomben ab.

Der B-29 verwendete das Norden-Bombenzielgerät. Die Luftwaffe verwendete ähnliche Bombenzielgeräte (Lotfernrohr 7), aber diese waren viel einfacher zu bedienen und zu warten. Die Bombenzielgeräte des Zweiten Weltkriegs ermöglichten eine hohe Präzision bei

Bombardements aus der Höhe über dem Bereich der Flakfeuer.

Auch die Armee des Ersten Weltkriegs hatte seine schweren Bomber.

Caproni war ein italienischer dreimotoriger schwerer Bomber des ersten Weltkriegs. Bewaffnung: 4 bis 8 Maschinengewehre, 1450 kg Bomben. Geschwindigkeit 126 km/h (78 mph). Es war der effektivste Bomber des ersten Weltkriegs, mit Ausnahme des russischen Fliegers Ilja Muromez.

Die Ilja Muromez-Flugzeug-Serie basierte auf der Russky Vityaz (Le Grand), dem weltweit ersten viermotorigen Flugzeug. Es wurde von dem Luftfahrtpionier Igor Sikorsky entworfen, der auch den R-4 entwickelt hatte, der weltweit erste in Massen produzierte Helikopter, im Jahre 1942. Damals war er ein, in den Vereinigten Staaten eingebürgerter Bürger.

Der Ilja Muromez erschien im Jahr 1913 als ein großer, luxuriöser Flieger. Die voll verglaste Passagierkabine war isoliert und hatte große Korbsessel, eine Lounge, ein Schlafzimmer, und sogar die erste, in einem Flugzeug beförderte Toilette. Es hatte auch Heizung: zwei motorangetriebene Abgasleitungen mit Heizkörpern durchliefen die Kabine. Die elektrische Beleuchtung wurde durch einen windgetriebenen Generator bereitgestellt.

Öffnungen auf beiden Seiten des Flugzeugs ermöglichten es den Mechanikern, auf die Flügel zu klettern, und die Motoren während des Fluges zu reparieren.

198 Das verborgene Alpha

Im Jahr 1914 reiste der Ilja Muromez mit 16 Passagieren und einem Hund an Bord, 1.290 kg, ein Rekord für die Anzahl der Passagiere und dem Gewicht. Im gleichen Jahr, wurde, mit einer Reise von Sankt Petersburg nach Kiew, eine Strecke von etwa 1.200 km, und zurück nach St. Petersburg ein Weltrekord erzielt.

Im Ersten Weltkrieg, überarbeitete Sykorsky das Flugzeug und baute eine Variante eines schweren Bombers mit vier Motoren. Es war aus Holzrahmen gebaut und mit Stoff überzogen. Das Flugzeug konnte tief in die feindlichen Gebiete eindringen und eine große Menge an Bomben abwerfen. Bewaffnung: verschiedene Mengen und Kombinationen von unterschiedlichen Maschinengewehren, Raketen, und bis zu 656 kg Bomben. Maximale Geschwindigkeit 110 km/h (68 mph). Dienstgipfelhöhe 3.000 m (9.840 ft). Die Effektivität eines Bombenabwurf erreichte 90 Prozent.

Der Muromez war ein technisches Wunderwerk seiner Zeit, aber er war nicht vergleichbar mit den Bombern 27 Jahre später.

Die Flieger des Zweiten Weltkriegs waren viel schneller, verfügten über Radare und anspruchsvolle Funkkommunikation und waren viel besser bewaffnet als die Flugzeuge des Ersten Weltkriegs. Das Schießwesen zur Fliegerabwehr der Armee des Ersten Weltkrieges steckte in den Kinderschuhen und hatte sogar Probleme mit den langsam Fliegern des Ersten Weltkriegs, und die Flakfeuer hatten keine Radare. Selbst die viel anspruchsvolleren Flakfeuer des Zweiten Weltkriegs konnten die Bomber nicht davon abhalten, Europa, Japan, und einen Teil der Sowjetunion in ein Trümmermeer zu verwandeln.

Die Reichweite der Flieger des Zweiten Weltkriegs war enorm im Vergleich zu den Fliegern des Ersten Weltkriegs.

Die Flieger und Raketen des Zweiten Weltkriegs würden endgültig die Lufthoheit bekommen und würden alle Flieger der Armee des Ersten Weltkrieges Armee sehr leicht zerstören. Ohne Schutz vor Luftangriffen, wäre die Armee des Ersten Weltkriegs dem Untergang geweiht, denn die Bomber würden Millionen Tonnen Bomben abwerfen, und dadurch Truppen, Panzer, Schützengräben, Bunker, Festungen, Fahrzeuge, Artillerie und Städte vernichten.

Der anfängliche deutsche Erfolg des Blitzkriegs war den Panzern zu verdanken, die aus der Luft Unterstützung von Flugzeugen, Bombern und Jägern bekamen.

Der russische Panzer T-34 wurde entwickelt, um auf einfache Weise in Massen produziert, repariert und gewartet werden zu können. Er war schnell, robust und wendig. Die T-34 Kanone mit Anti-Panzer-Munition konnte jeden Panzer mit Leichtigkeit durchdringen und natürlich jeden Panzer und jedes gepanzerte Fahrzeug des Ersten Weltkriegs.

Die deutsche V2/A4 der Aggretat-Raketenserie wurde von Wernher von Braun entwickelt, und war die erste ballistische Rakete und das erste Flugzeug, um die Grenze zum Weltraum zu durchstoßen. Geschwindigkeit: 5.760 km/h (3.580 mph). Reichweite: 320 km (200 mi). Sprengkopf:: 1.000 kg (2.200 lb) Amatol.

200 Das verborgene Alpha

In einem einzigen V-2-Angriff im Dezember 1944, als das Dach eines überfüllten Kino getroffen wurde, wurden 567 Menschen getötet und 291 verletzt.

Eine wissenschaftliche Rekonstruktion, die im Jahr 2010 für das „Blitz Street"-Programm, eine Doku-Serie über das Leben in England während des Zweiten Weltkriegs, durchgeführt wurde, hat gezeigt, dass die V-2 einen 20 m breiten und 8 m tiefen Krater hervorruft, und dabei rund 3.000 Tonnen Material in die Luft wirft.

Das Abfeuern von V-2 von U-Booten wurde kurz vor dem Ende des Krieges erfolgreich getestet. Die vom U-Boot abgefeuerte ballistische Rakete war dazu bestimmt, die Vereinigten Staaten anzugreifen.

Die Komponenten der A10-Rakete wurden am Ende des Zweiten Weltkriegs erfolgreich getestet. Diese ballistischen Raketen könnten Ziele am Boden der Vereinigten Staaten aus Startplätzen in Europa erreichen.

Von Braun zeigte US-Offizieren in Garmisch-Partenkirchen den Entwurf der A11. Sie wäre in der Lage, eine Nutzlast von ca. 300 kg (660 lb) in der Erdumlaufbahn zu platzieren.

Eine weitere, furchtbare Waffe des Zweiten Weltkriegs war die russische Katjuscha (Stalinorgel), ein Mehrfachraketenwerfer, mit dem eine verheerende Menge Sprengstoff innerhalb von Sekunden zu einem Zielbereich befördert werden konnte.

Die feindlichen Soldaten aus dem Zielgebiet, die nicht tot oder verletzt waren, konnten nicht kämpfen, weil sie vorübergehend taub und völlig verwirrt waren, durch den immensen Schall des Bombardements. Die Auswirkungen der Explosionen waren sowohl physischer als auch psychischer Art, was die Katjuscha-Salven äußerst wirksam gegen Infanterie und leichte Fahrzeuge machte. Die Mehrfachraketenwerfer Batterien wurden oft angehäuft, um eine maximale Schockwirkung auf die Soldaten zu schaffen, wobei die Moral der deutschen Armee herabgesetzt wurde.

Und schließlich die ultimative Waffe des Zweiten Weltkriegs, die Atombombe, eine Apothecse von Wissenschaft, Technologie, Zerstörung und Terror, und eine ständige Bedrohung für das Aussterben der Menschheit.

Die Armeen des Ersten Weltkriegs, wären zweifelsohne nicht in der Lage, die Armeen des Zweiten Weltkriegs zu besiegen. Für die Armee des Zweiten Weltkriegs bestünde nicht einmal die Notwendigkeit, ihre gesamte militärische Macht einzusetzen, um die frühere Armee zu besiegen.

Aber wie wurde der immense technologische Fortschritt zwischen den beiden Weltkriegen erreicht? War es, weil die wirtschaftliche und politische Situation dazu anregte?

Die Zahl der militärischen und zivilen Toten im Ersten Weltkrieg lag bei etwa 17 Millionen, während 20 Millionen Menschen verwundet wurden.

202 Das verborgene Alpha

Im Jahr 1918 breitete sich die Grippe-Pandemie sehr schnell über Europa und Amerika aus. Viele Menschen waren bereits durch Krieg und Hunger geschwächt. Zwischen 20 und 50 Millionen Menschen starben an der Krankheit. Die meisten der Opfer waren junge Erwachsene.

Die Zeit nach dem Krieg war sehr hart. Es hatte nichts mit der fiktiven, idealisierten Lebensweise zwischen den beiden Weltkriegen zu tun, wie in der TV-Show von *Jeeves and Wooster* gezeigt wurde.

Europa war ruiniert und fragmentiert.

Die europäischen Imperien stürzten nacheinander ein. Kolonien, Besitzungen, Populationen und Gewinne gingen verloren.

Europa verlor sein Mojo (Glücksbringer).

Als Folge des Krieges verlagerte sich das Zentrum der Weltfinanzen von Europa in die Vereinigten Staaten.

Europa hat den ersten Weltkrieg verloren.

Die europäischen Staaten waren wütend aufeinander und wollten Rache.

Die Arbeitslosigkeit war schrecklich.

Die Weltwirtschaftskrise, die in den USA begann, hatte einen Dominoeffekt in der ganzen Welt, und verschlechterte die ohnehin schreckliche Lage der europäischen Wirtschaft.

Europa musste sich in dieser schweren Nachkriegssituation wieder aufbauen und versuchen, mit dem Rest der Welt zu konkurrieren.

Nach dem Krieg produzierte der amerikanische Arbeiter doppelt so viel wie ein europäischer Arbeiter, teilweise aufgrund der besseren Technologie, welche den Verkauf amerikanischer Ware zu niedrigeren Preisen erlaubte.

Deutschland wurde besonders hart getroffen, weil es gezwungen war, riesige Wiedergutmachungen zu entrichten, die durch die alliierten Siegermächte, Frankreich, Großbritannien und Amerika als Entschädigung und Strafe für den Ersten Weltkrieg festgelegt worden waren.

Die ursprüngliche Summe, die für Kriegsschäden vereinbart worden war, betrug 226 Milliarden Goldene Reichsmark, das entspricht etwa 100.000 Tonnen reinem Gold. Das gesamte Gold, das jemals in der Geschichte der Menschheit abgebaut wurde, wird auf 165.000 Tonnen geschätzt.

Die Summe wurde später auf 132 Milliarden Reichsmark reduziert.

Im Jahr 2010, 92 Jahre nach dem Ende der Feindseligkeiten, entrichtete Deutschland die letzte seiner Reparationsleistungen des Ersten Weltkriegs.

Eine Hyperinflation breitete sich in ganz Deutschland aus. Im Jahr 1921 entsprach 1 Dollar ungefähr 64 Reichsmark. Zwei Jahre später waren 4,2 Billionen Mark notwendig um 1 Dollar gleichzukommen.

Nach dem Krieg druckte Deutschland eine Fülle von Papiergeld, was zu einer schweren Inflation führte.

Im Jahr 1929 brach der amerikanische Aktienmarkt ein. Als Ergebnis standen die europäischen Volkswirtschaften, die abhängig waren von den Kreditgebern der Vereinigten Staaten, nun mittellos da.

204 Das verborgene Alpha

Die Weltwirtschaftskrise hatte Amerika und Europa sehr stark getroffen.

In Deutschland stiegen die Preise von Mitte 1922 bis Mitte 1923 um mehr als das 100-fache an. Der Preis für Essen war 135 Mal höher.

Die Löhne wurden täglich oder mehrmals pro Tag ausbezahlt, und die Leute sollten sofort losgehen und das Geld ausgeben, bevor es wiederum an Wert verlor. In seinem Roman *Der schwarze Obelisk*, schrieb Erich Maria Remarque:

„Arbeiter werden ihren Lohn jetzt zweimal täglich erhalten, am Morgen und am Nachmittag, mit einer Pause von einer halben Stunde jedes Mal, so dass sie schnell losgehen und Dinge kaufen können, denn wenn sie nur ein paar Stunden damit warten würden, würde der Wert ihres Geldes so weit fallen, dass ihre Kinder nicht einmal halb so viel zu essen bekommen würden, um sich satt zu fühlen."

Im November 1923 war die Hyperinflation so schwerwiegend, dass ein Laib Brot drei Milliarden Mark kostete. Die deutsche Staatskasse druckte Milliarden-Banknoten. Man brauchte drei von diesen, um einen Laib Brot zu bezahlen. Allerdings, wenn Sie mit niedrigerem Nennwert oder älteren Banknoten bezahlen müssten, sogar mit 1.000 Mark-Banknoten, würden Sie eine Schubkarre benötigen, um 3 Millionen Banknoten zu transportieren.

In den 1920er Jahren zogen einige Amerikaner aus den Vereinigten Staaten nach Europa, weil das Leben dort billig war, vor allem der Alkohol und die Mädchen, häufige Nebenwirkungen von Kriegen und wirtschaftlichem Kollaps.

Die meisten amerikanischen Auswanderer versammelten sich in Paris.

Une génération perdue.

Dieser Begriff entstand bei einem Pariser Garagenbesitzer, indem er die unbefriedigenden Fähigkeiten eines jungen Kfz-Mechanikers in seinen Zwanzigern darlegte, der im Ersten Weltkrieg verwickelt war, zu einem Zeitpunkt in dessen Leben, wenn junge Menschen in der Regel professionelle Ausbildung erhalten. Der Garagenbesitzer betrachtete den Mechaniker als *une génération perdue*.

Der Begriff *lost generation* wurde von Ernest Hemingway, einem der Schirmherren und Referenten der Auswanderergeneration der amerikanischen Nachkriegszeit, populär gemacht.

Trotz der harten Zeiten nach dem Ersten Weltkrieg entwickelten sich Wissenschaft und Technik weiter. Sie wurden im Zweiten Weltkrieg überstimuliert, als die Staaten zur Entwicklung von Wissenschaft und Technologie für militärische Anwendungen enorme Anstrengungen und Finanzen aufbringen mussten, um den Krieg zu gewinnen.

Einer technologisch hoch entwickelte Armee oder einer Zivilisation fällt es leicht, Feinde zu besiegen, die sich auf einem früheren technologischen Entwicklungsstand befinden.

Wenn Sie einen Film sehen, in dem Menschen eine technologisch höher entwickelte Alien-Armee bezwingen, die

206 Das verborgene Alpha

in der Lage ist interstellare Reisen durchzuführen, dann suchen Sie bitte nach den wissenschaftlichen Fehlern, es gibt viele von diesen!

Die Invasion der Außerirdischen Torheit begann mit dem Roman *Krieg der Welten* von H. G. Wells. Weltraumeindringlinge vom Mars kamen, um die Erde zu erobern... nackt! Die, mit fiktiven Tentakeln versehenen Marsonauten atmeten tapfer terrestrische Luft ein und wussten nichts über Mikroben.

Nach Ansicht der Mehrheit der Science-Fiction-Schreiber, werden die meisten Planeten von FKK-Idioten bewohnt. In vielen Romanen und Filmen, sind die Außerirdischen nackt.

In *Independence Day,* zieht Kapitän Hiller (Will Smith) ein nacktes außerirdischen Lebewesen aus einem abgestürzten extraterrestrischen Flugzeug über die Wüste. Was, war es etwa ein schützender biomechanischer Anzug, der nur wie eine böse nackte Kreatur aussah? Offensichtlich hatte der Bio-Anzug keinen schützenden Wert, weil der tapfere Pilot den außerirdischen Eindringling mit einem einzigen Schlag niedergestreckt hatte und der krakenähnliche außerirdische Krieger blieb für mehrere Stunden bewusstlos.

In diesem speziellen Fall war die Idee der Symbiose zwischen Außerirdischen und der robusten Lebenskleidung nicht sehr produktiv.

Warum sollte eine Kreatur ihren zerbrechlichen Körper mit einem anderen (wenn auch weniger zerbrechlichen) biomechanischen Körper schützen, wenn es unglaublich besser schützende Materialien gibt, welche das lebendige Material weit übertreffen?

Ein zerbrechlicher Körper, der sich in einem robusten biologischen Körper versteckt, ist eine Art symbiotisches Leben mit einer lebenden Hose, einer lebendigen Jacke, Hufen, und vielen Tentakeln. In der Tat sind die Außerirdischen nackt, da die lebenden sekundären Körper nicht durch einen Schutzanzug oder Kleidung geschützt sind.

Das Tragen eines Raumanzugs ist keine Sache der Scham, Moral oder Mode. Es geht darum, den fragilen biologischen Körper vor den Gefahren der Umwelt zu schützen, wie schädliche Mikroorganismen (Prionen, Pilze, Bakterien, Viren), Gasen, Waffenangriffen, Schlägen, Strahlungen, kosmischer Strahlung, extremen Temperaturen, dem Vakuum im Weltraum, unterschiedlichem atmosphärischem Druck, plötzlichen Änderungen des Druck in der Atmosphäre, keine Luft zum Atmen, schädlichen Flüssigkeiten und Dämpfen, Feuer, g-Kräfte usw.

Wie würde der ungeschützte biologische Körper auf das Vakuum im Weltraum reagieren? Im Einklang mit der NASA besagt die Theorie, und Tierversuche bestätigen dies, dass die Kreatur nach ein oder zwei Minuten stirbt. Der biomechanische Anzug sollte ebenfalls tot sein.

Was würde einer nackten Kreatur (bösartige Eindringlinge oder verrückte Touristen) auf einem Planeten wie Venus passieren, wenn sie nicht eine gebürtige

Venusianerin wäre? Ganz einfach: sie würde innerhalb weniger Sekunden sterben.

Der atmosphärische Anpressdruck der Venus ist mit 93 bar sehr hoch, und der biologische Körper würde fast augenblicklich zusammenschrumpfen, und würde nicht einmal Zeit haben, für einen einzigen Atemzug der tödlichen, lodernden Luft aus Kohlendioxid und Schwefeldioxid. Während sie zusammenschrumpfen, würden die biologischen Überreste Feuer fangen, da die Temperatur 462°C beträgt (863.6 Grad Fahrenheit). Die Asche würde beginnen, sich in der Schwefelsäure zu lösen.

Ein Kampf-Raumschiff ist dramatischen Beschleunigungen und Verzögerungen ausgesetzt, und ohne einen speziellen, schützenden Raumanzug, würden die Kreaturen sterben oder zumindest nicht in der Lage sein, das Schlachtschiff zu steuern oder zu kämpfen. Die Durchblutung wird beeinträchtigt, weil das Herz härter arbeiten muss, um Blut durch den Körper zu pumpen. Die stark beeinträchtigte Durchblutung führt zum Tod oder zu einer Eintrübung oder dem Verlust des Bewusstseins, da das Herz nicht mehr in der Lage ist, Blut in das Gehirn zu pumpen. Anti-g-Anzüge sind eine Norm für das Überleben in einer Militärmaschine.

Die Kleidung stellt für die Kämpfer auch eine Möglichkeit dar, um auf sich selbst Waffen zu tragen, oder Instrumente, Kommunikationsgeräte, Medikamente, Lebensmittel, persönliche Gegenstände usw., die von entscheidender Bedeutung für das Überleben in einer feindlichen, fremden Umgebung sind.

Man könnte sich fragen, aus welchem Hohlraum seines nackten Körpers ein Außerirdischer eine Waffe, einen Schraubenzieher oder einen Keks herausholen würde.

Weltraumanzüge sind mit vielen Taschen und Klettverschluss abgedeckt, und helfen den Astronauten, alles, womit sie arbeiten, in ihrer Nähe aufzubewahren, da in der Schwerelosigkeit alles wegschwebt.

Astronauten und militärisches Personal sind auch mit Survival-Kits ausgestattet: ein Paket von grundlegenden Werkzeugen und Materialien als eine Hilfe zum Überleben, im Notfall.

Piloten gehören zu den teuersten Kämpfern. Die Armeen arbeiten hart daran, diese sicher und gesund zu halten, und man würde sie nie ungeschützt in eine Schlacht schicken, und in keinem Fall nackt. Allein die Ausbildung eines Militärpiloten kostet zwischen 1 und 2 Millionen Dollar. Zu diesen Kosten müssen noch Gehälter, Versicherungen, Wohnen, regelmäßige Ausbildungsstunden usw. hinzugefügt werden.

Die Armee braucht Zehntausende von Piloten.

Während des Zweiten Weltkriegs stellten die Vereinigten Staaten etwa 296.000 Militärflugzeuge her, die Sowjetunion - 120.000, Deutschland - 104. 000, und England - 102.600. Alle Flugzeuge benötigten qualifizierte Piloten.

Für die außerirdischen Invasoren sind wir Fremde und die Erde ist eine gefährliche, fremde Umgebung. Sie können nicht unser Essen verzehren, unser Wasser trinken, unsere Luft atmen oder ungeschützt herumlaufen.

Es gibt keine Möglichkeit für kluge Kreaturen, nackt zu kämpfen oder auf einem auf fremden Planeten herumzulaufen.

Aber

Die tapferen Film-Erdlinge haben wieder einmal den Krieg gegen den Verband der FKK-Idioten mit Super-Raumschiffen gewonnen.

Es tut mit leid, wenn ich Sie enttäusche, aber die Menschen haben absolut keine Chance, einen Angriff einer hoch entwickelten außerirdischen Zivilisation zu überleben. Wir haben bis heute überlebt, weil wir eine geschützte Umgebung bewohnen, die von einer Mega-Zivilisation bewacht wird.

Wir sind ein Match allein für unsere ebenbürtigen Zivilisationen, die erst jetzt am Entstehen sind, im Universum, so wie wir.

Die Autoren und Filmemacher nützen die primitivsten Formen der menschlichen Ängste aus. Die Raumschiffe sind gefährlich groß, die Aliens führen enorme Waffen, und sie haben riesige, böse, schlecht gelaunte Roboter auf ihrer Seite. Die außerirdischen Invasoren verwenden kolossale, fliegende, bedrohliche, metallische, sich drehende, glitzernde Kugeln, die so genannten „Shredder", die alles, was ihnen in den Weg kommt, vernichten. Die außerirdischen Kampfmaschinen sehen eher aus wie quietschende, halb metallische halb tierische Wesen aus einem Albtraum, und nicht wie echte Waffen der Zukunft.

In Wirklichkeit besteht keine Notwendigkeit für solch gigantische Schlachtschiffe, nicht einmal für eine Armee von Hunderten, Tausenden oder Millionen von ihnen. Nur eines so groß wie ein Bus, würde genügen.

Lassen wir einen imaginären kleinen Weltraumkrieg, in kleinem Maßstab, gegen die Erde beginnen. Eine kleine Sonde der Größe eines Schulbusses dringt in das Sonnensystem ein, landet auf dem Mond oder Mars, und fängt an, viele kleine Sonden aus lokalen Materialien herzustellen, die dann in die Umlaufbahn um den Mond oder Mars befördert, und dann auf die Erde geschickt werden, wo sie in unbewohnten Regionen landen und sich in den Boden hinein graben. Die Sonden beginnen damit, große Mengen von winzigen Maschinen herzustellen, die sich rund um den Globus verteilen und heimlich eine komplette außerirdische Roboter-Armee fertig stellen. Die außerirdische robotische Kraft wird sich in einem Krieg gegen die Menschen engagieren, aber zuerst werden sie heimlich alle wichtigen industriellen und militärischen Anlagen, sowie alle mächtigen Waffen wie Atomraketen, Atomwaffen usw., vernichten. Dieses Szenario ist filmtauglich. Ich verkaufe den Pitch. Das Problem mit einem solchen Szenario ist, dass es keine spektakulären Schlachten zwischen Menschen und Aliens geben wird, mit außerirdischen robotischen Kampfjägern, riesigen, fliegenden Flugzeugen usw. Dies sind

212 Das verborgene Alpha

Feinheiten der Kinofilme. Wenn wir uns an die Realität halten, würden die Außerirdischen die Menschen einfach vernichten. Ich denke, dass ein solcher Pitch nicht das ist, was Filmzaren gerne kaufen, oder die Kinogänger gerne sehen würden.

Darüber hinaus besteht für die Außerirdischen absolut keine Notwendigkeit, eine ganze Roboter-Armee herzustellen, um den Menschen auszumerzen.

Szenario Nummer zwei: Eine außerirdische Sonde landet auf der Erde und produziert Milliarden Nanosonden, die unbemerkt in den menschlichen Körper eindringen und anfangen sich zu verändern, dabei die Kontrolle über die vitalen menschlichen Organe übernehmen. Wenn das Signal kommt, zerstören sie alle Körper ihrer Wirte. Das ist das Ende der Menschheit. In einer einzigen Sekunde fallen alle Menschen tot um: völlig unspektakulär. Die Aliens sind in der Lage, die menschliche Zivilisation schnell, sicher und kostenlos auszulöschen. Die berüchtigte Sonde produziert, unter Verwendung der Metalle aus unserer Zivilisation, eine Legion von Sonden, Satelliten und anderen Maschinen die starten, und neue Zivilisationen suchen, um diese zu vernichten.

Variation von Szenario Nummer zwei: Die Nanosonden dringen unbemerkt in den menschlichen Körper ein, und beginnen die Menschen zu kontrollieren, so dass diese zu Sklaven werden, für die Meister der Sonde. Nachdem sie die Kontrolle über den menschlichen Körper übernommen haben, können die Aliens, falls sie einen Sinn für Humor haben, alle Menschen auf einem Bein, bewegungslos stehen lassen, bis diese vor Durst sterben. Auf der anderen Seite, können sie die Menschen dazu veranlassen, sich gegenseitig bis zum Tode zu kitzeln.

Sie könnten uns auch genetisch manipulieren, indem sie alle Menschen in harmlose Affen oder bösartige Tiere verwandeln, die sich gegenseitig innerhalb von mehreren Monaten umbringen würden.

Es gibt viele tödliche Nanosonden-Szenarien, und in allen gehen die Menschen zugrunde oder sie werden vollkommen kontrolliert.

Diese tödlichen Sonden könnten auch Teil einer privaten Armee sein, die einem riesigen Unternehmen, reichen Einzelpersonen oder einer mächtigen verbotenen Gruppe angehören, welche sich nicht um die Bürgerrechte, Gesetze, primäre Richtlinien und so weiter scheren, sondern die vielmehr riesige Gewinne, illegale Geschäfte oder kriminelle Ziele verfolgen. Sie könnten auch Kriegsspiele und Jagdgesellschaften auf der Erde organisieren und dabei die Menschen als lebendige, natürliche Ziele verwenden.

Solche außerirdischen Unternehmer könnten sogar behaupten, Veredler zu sein, die das intellektuelle, technische und wissenschaftliche Niveau der Menschen steigern, und dabei ihre wahre Agenda verstecken, um so die Vorwürfe einiger Menschenrechtsorganisationen zu vermeiden.

Wenn eine hoch entwickelte Zivilisation die Technologie besitzt, um durch Nanobots oder ähnliche Geräte die Kontrolle zu übernehmen, ist die Handhabung

und Vernichtung von minderwertigen Kreaturen
unspektakulär einfach. Es würde absolut keine
Notwendigkeit bestehen, dass ein enormes außerirdisches
Schiff am 2. Juli, in die Umlaufbahn der Erde einreist und 36
schalenförmigen Schiffe, jeweils 15 Meilen breit, stationiert,
die sich über den großen Städten rund um den Globus
positionieren.

Filme wie *Independence Day, Avatar* usw., sind
riesige Investitionserfolge, aber sie sind aus
wissenschaftlicher Sicht unzureichend und unlogisch.

In *Avatar*, können die Einheimischen einfach
irgendwo anders hin übertragen werden, über Mind-Control-
Geräte. Es besteht keine Notwendigkeit für einen Krieg.

Es gibt noch eine andere Möglichkeit, eine
technische. Das Unternehmen kann das super-edle
Unobtainium fördern, auch ohne dass die Einheimischen auf
der Oberfläche wissen, dass es unter der Oberfläche eine
Mine gibt. Eine robotische Arbeitskraft könnte über einen
Schacht Zugang zum Erzlager erhalten, wobei man in einem
angrenzenden Feld beginnen könnte. Es gibt keine
Notwendigkeit, die Stammesangehörigen zu vertreiben oder
einen Krieg gegen diese zu führen.

Ein weiteres Szenario der Kontrolle: Eine
unauffällige Sonde kommt auf die Erde, oder ist bereits vor
langer Zeit schon angekommen, und beginnt Nanobots mit
verschiedenen Formen und Funktionen, die den
gewöhnlichen terrestrischen Mikroorganismen ähneln,
herzustellen. Diese dringen unbemerkt in den menschlichen

Körper ein und beginnen mit der Herstellung spezialisierter Nanobots aus den menschlichen Flüssigkeiten und Geweben, um so das Nervensystem, den Bewegungsapparat, das Fortpflanzungssystem, und so weiter zu kontrollieren, und damit werden die Menschen in ferngesteuerte Kreaturen oder Bioroboter verwandelt. Der entfernte Betreiber Ihres Körpers und Bewusstseins könnte Sie dann in Echtzeit steuern, aus einem fernen Raumschiff, Planeten, oder sogar aus einer Galaxie, die eine Zillion Lichtjahre von der Erde entfernt ist. Der Bediener kann durch Ihre Augen sehen, mit Ihren Ohren hören, und Ihre Gliedmaßen, Weltanschauung, Geschmack usw. manipulieren. Die Menschen würden nicht einmal wissen, dass sie kontrolliert werden und tatsächlich versklavt sind. Die Menschheit könnte sich bereits seit vielen Jahrtausenden unter einer solchen Kontrolle befinden und die Meister könnten unsere Evolution, Geschichte, sowie unsere persönliche Identität und Schicksal lenken. Diese Technologie wird in den Labors auf der Erde in naher Zukunft möglich sein, und wir könnten andere Menschen oder Zivilisationen durch diese Geräte kontrollieren.

Menschliche Gedanken, DNA, Schicksal, sexuelle Orientierung, politische Orientierung und alles andere könnte unter Kontrolle sein durch eine solche relativ einfache Technik.

Die Steuerungstechnik der fernen Zukunft wäre weitaus komplexer und würde auf bislang unentdecktem Wissen und Technologie zur direkten Steuerung des Gehirns (von Menschen und Tieren) basieren.

Eine hoch entwickelte außerirdische Zivilisation würde keinen Krieg gegen uns führen. Sie würden uns zum Guten oder zum Schlechten kontrollieren, und wir würden ihrer Agenda folgen wenn sie uns brauchen oder die Menschheit auslöschen, wenn sie das nicht tun, oder wenn sie davon ausgehen, dass der Mensch ein künftige Belästigung oder Gefahr für sie sein könnte.

Es gibt für eine hoch entwickelte Zivilisation viele Möglichkeiten die Menschheit zu vernichten und wir würden völlig hilflos sein.

Die Mega-Zivilisationen, haben auch in diesem Augenblick uneingeschränkten Zugang zu uns und die Kontrolle über uns. Sie haben es nicht nötig, auf die Erde einzufallen. Sie besitzen uns. Wir sind deren Eigentum, und wir werden weiterhin völlig ahnungslos unser unbedeutendes, kontrolliertes Leben führen. Wenn Sie das nicht mögen, berücksichtigen Sie dies, wir sind deren Kinder im Kindergarten des Weltraums.

Die wirklich hoch entwickelten Zivilisationen sind in der Lage all unsere Waffen in wenigen Sekunden zu zerstören und sie kontrollieren uns, egal ob sie uns überfallen oder nicht.

Die Filme präsentieren die primitivsten Formen der Invasion durch die Außerirdischen, und sie sind natürlich höchst unrealistisch und unwahrscheinlich. Zum Beispiel, vernichten ein paar Cowboys Außerirdische, die in der Lage sind, den interstellaren Raum zu durchqueren. Solche Filme sind sehr patriotisch, aber irreführend.

Wie auch immer, warum bestehen so viele Schriftsteller und Filmemacher darauf, dass Außerirdische nackt sind?

Der ewige Kampf zwischen Gut und Böse, verkörpert als Gott und dem Teufel, ist eines der gebräuchlichsten Themen in der Kunst. Gott und der Teufel sind eine mythische Verkörperung der Wirklichkeit mit einem großen Einfluss auf die menschliche Gesellschaft, so groß, dass wir deren übernatürliche Erscheinungen in jedem Aspekt des menschlichen Lebens, Schicksal, Kunst und Geschichte wahrnehmen. Die Menschen haben sich diese klassische Tragödie im Theater und im wirklichen Leben seit den Anfängen des zivilisierten Menschen angesehen. Schriftsteller der Antike thematisierten den klassischen Konflikt in religiöser Hinsicht und deren Fiktion beschreibt die Ereignisse als Offenbarungen des niemals endenden Kampfes zwischen Gott und dem Teufel. Schriftsteller und Publikum brauchen dieses ultimative Symbol des Guten und des Bösen, von Gott und dem Teufel, und deren mächtige, unsichtbare Präsenz.

Die bösen nackten Aliens sind die moderne Form des alten mythologischen Bildes des Teufels. Die Leute mögen die archaischen Geschichten über das Gute (Gott), welches das Böse (den Teufel) besiegt, immer wieder hören und sehen. Sie fühlen sich wohl dabei.

218 Das verborgene Alpha

Die Leute lesen gerne mythologische Geschichten und sehen gerne Filme mit solchen Elementen. Sie sind dazu programmiert, dies zu tun.

Anstelle von unabhängigem, bewusstem Denken, bekommen wir von unserem kollektiven und individuellen Unbewussten psychische und mentale Legos, welche die Vorstellung von der Welt, die wir sehen, gestalten, genau so wie die bunten, ineinander greifenden Legosteine aus Kunststoff auf verschiedene Art und Weise zusammengesteckt und miteinander verbunden werden können, um verschiedene Objekte zu konstruieren.

Alle Menschen, ohne Ausnahme, sind im festen Griff ihres primitiven Unbewussten, welches uns das geistige Bild der Welt liefert und auch dem alltäglichen dient. Die Menschen sind noch sehr weit entfernt von dem Augenblick des unabhängigen, logischen Denkens. Stattdessen bekommen wir mentale Legos, die während der Geschichte des Universums gemeistert wurden, aber das Entwicklungsmuster wurde in weit vorhergehenden Universen, in anderen Zeiten geschaffen.

Wegen der bösen Natur des Teufels, stellen ihn Schriftsteller und Künstler in der Regel als abscheuliche, widerliche Kreatur dar. Erzählungen, Theaterstücke, Gemälde usw., zeigen ihn oft nackt mit Hufen oder Ziegenbeinen, mit verschiedenen Formen von Hörnern, mit schuppiger oder pelziger Haut, mit Vampirzähnen, und mit einem Schwanz. Auch der Pferdefuß ist mit dem Teufel in Verbindung gebracht worden.

Der Teufel wird oft mit der Schlange identifiziert, die Eva im Garten Eden in Versuchung gebracht hatte. Adam und Eva wurden aus dem ewigen Paradies der Glückseligkeit vertrieben, wo sie nichts anderes getan hatten als essen, sich anstarren und miteinander Sex haben. Die Tentakel (ähnlich einer Schlange) der bösen Aliens sind ein weiteres Symbol des Teufels. Die Menschen haben auch eine natürliche negative Haltung gegenüber Schlangen. Der Teufel hat eine abstoßende Haut, ebenso wie die Schlange.

Künstler des Mittelalters stellten den Teufel des öfteren halb als Mensch und halb als Tier dar. Daher sollten auch die bösen Aliens tierische Gestalten haben.

Die Angst vor dem Teufel ist im Unbewussten der meisten Menschen eingeprägt. Er ist ein mächtiger Archetypus in vielen Gesellschaften.

Die Aliens aus *Independence Day* ähneln dem Teufel aus Gemälden von mittelalterlichen Künstlern oder zeitgenössischen, hellsichtigen Medien. So markante Bilder kommen aus dem Unbewussten und es wird beabsichtigt uns damit zu erschrecken.

Die Menschen sind normal. Aliens und der Teufel sind ein Abweichung von der Norm. Menschen haben Hände, Aliens haben Tentakel. Der Teufel kann sich in eine Schlange verwandeln und aussehen wie ein Tentakel. Die Menschen haben Beine, der Teufel und die Aliens haben Hufe.

Der Teufel und die Aliens werden in der Regel als die Gegner Gottes betrachtet, und werden in der Regel mit

Gefahr, Gewalt und Tod in Verbindung gebracht, während der Mensch nach dem Bilde Gottes geschaffen ist.

Der Teufel und die Aliens sind mächtige zerstörerische Kräfte, Gott und Mensch sind kreativ.

Das Primitive, Tierische und Unkultivierte ist nackt. Das Kultivierte trägt Kleidung. Auch viele alte Götter sind nackt, aber die Traditionen haben sich seit der Antike geändert, und Nacktheit ist nicht akzeptabel für die meisten Menschen. Es ist ein tief in die Köpfe der Menschen eingeprägtes Zeichen von Primitivität und Scham. Wenn wir in unseren Träumen vor anderen Menschen nackt erscheinen, fühlen wir uns beschämt und verlegen.

Viele Filmemacher sind sich sehr wohl bewusst, dass interstellare Reisen und Weltraumkriege in nacktem Zustand dumm sind, so kamen sie auf eine großartige Idee, bei der die Aliens gleichzeitig nackt und angezogen sind. Die Filmemacher erfanden den nackten biomechanischen Anzug. Das ist nicht sehr wissenschaftlich, aber eine perfekte Verkörperung des alten, unbewussten Bildes des Teufels.

Der Teufel ist das Symbol des ultimativen Feindes. Besiegen Sie den ultimativen Feind und Sie werden zum ultimativen Helden werden, und alle anderen werden Ihnen automatisch unterlegen sein und sie werden Ihnen dienen. So sind Sie der Alpha-Hund, der Herrscher der Welt.

Weitere bedeutende mythologische Elemente in *Independence Day* sind David und Goliath, sowie die Achillesferse.

Die Menschen vernichten die hoch entwickelte, durch den Weltraum reisende Alien-Armee, ebenso wie der kleinere David den Riesen Goliath besiegt hatte.

Die biblische Bedeutung der Geschichte von David und Goliath ist, dass große Ungleichheiten von den Unterlegenen überwunden werden können, wenn die Motivation stark genug ist, und wenn sich Gott auf Ihrer Seite befindet.

Aber man sollte nie vergessen, dass Gott (was auch immer Er/Es ist) immer auf der Seite der sich schneller entwickelnden Zivilisationen steht. Gott persönlich organisierte den Kampf zwischen David und Goliath, sowie die Konkurrenz zwischen den (Weltraum-) Zivilisationen. Als das vollkommenste Wesen hat Er die schwierige Aufgabe, so viele andere tierische Kreaturen wie möglich herbeizubringen, damit sie im Laufe der Jahrtausende gottähnlich werden.

Der Blick in die Geschichte zeigt uns, dass die gescheiterten menschlichen Konkurrenten ausgelöscht wurden. Sich langsam entwickelnde Gruppen und Zivilisationen werden ebenfalls ausgelöscht. Wenn sie Glück haben, werden sie assimiliert. In der fernen Zukunft wird es das Gleiche sein. Die meisten Zivilisationen des Universums werden vernichtet werden.

Ein weiterer beliebter, von Filmemachern, Schriftstellern und werbetreibenden Unternehmen ausgeschöpfter Mythos, ist der Slogan: Sie haben es verdient!

222 Das verborgene Alpha

Das neue BESTE Auto. Kaufen Sie es. Sie haben es verdient.

Die Beschäftigten haben es verdient, dem schlechten großen Boss, den Banken, den finsteren Konzernen eine Lektion zu erteilen.

Ihr Chef muss Ihnen eine Gehaltserhöhung gewähren, Sie haben es verdient.

Sie haben es verdient blaue Augen zu haben, ein Millionär zu sein, und 20cm größer zu sein.

Sie haben es verdient, größere Brüste und einen größeren Penis zu haben (in den meisten Fällen ist es vorzuziehen, dass sich die Brüste und der Penis nicht im gleichen Körper befinden).

Sie haben einen besseren Präsidenten verdient, wählen Sie mich!

Luxus, Sie haben ihn verdient.

Sie haben das Beste verdient.

Sie haben es verdient, die bösen Aliens zu besiegen und den Sieg und die Freiheit zu feiern!

Sie haben es verdient.

Sie haben es verdient, das edelste Buch der Welt zu lesen. Sie haben *Das verborgene Alpha* verdient! Kaufen Sie Kopien für all ihre Kinder, Enkel, zukünftige Kinder, Freunde, Verwandte, Kollegen... Sparen Sie Geld und kaufen Sie es! Sie haben es verdient. Falls Sie in diesem Jahr keine

100 Kopien kaufen können, dann sparen Sie Geld und kaufen im nächsten Jahr 200 Kopien. Sie haben es verdient.

Heiliger Bimbam, dieser Slogan ist wirklich spannend und ansteckend. Ich habe es verdient. Ich mag das!

Der Schlusspunkt ist dies. Zivilisationen auf einem niedrigeren wissenschaftlichen und technologischen Entwicklungsstand sind nicht in der Lage, Zivilisationen eines höheren Entwicklungsstands von Wissenschaft und Technik zu besiegen.

Wenn Sie das Gegenteil verstehen, wie das in vielen Filmen und Romanen der Fall ist, sollten Sie wissen, dass dies nicht die reale Welt ist, sondern Sie befinden sich in der Welt der Mythologie, deren Hauptaufgabe darin besteht, Sie zu leiten, damit Sie sich so schnell wie möglich entwickeln, und nicht darin, Ihnen Wissenschaft beizubringen.

Ich möchte die technologischen, wissenschaftlichen und philosophischen Probleme von Filmen wie *Independence Day*, *Avatar*, und vielen anderen, nicht analysieren, um die Freude der Fans dieser technologischen und mythologischen Märchen nicht zu verderben. Ich würde nur sagen, dies ist ein Mythos. Die Menschen sind derzeit nicht in der Lage, außerirdische Zivilisationen zu besiegen, welche dazu fähig sind, interstellare Entfernungen zurückzulegen.

224 Das verborgene Alpha

Tinseltown (Slang für Hollywood) ist der Geburtsort eines großen Teils der modernen Mythologie, eigentlich des profitablen Anteils der Mythen.

Eines der neuesten Ergänzungen zu dem Mythos ist das Silikon-Mädchen, eine offensichtliche Antwort auf die bösartigen, kommenden, außerirdischen Aggressoren, weil dieses Mädchen mit Silikon-Lippen, Silikon-Brüsten, und Silikon im Kopf die geistige Kapazität von zwei Einsteins und die eiserne Muskelkraft von drei Schwarzeneggers besitzt, bei einer doppelten Dosis von Steroiden. Diese Tinselgirls können sogar die stärksten, bewaffneten Bösewichte leicht überholen, ob terrestrisch oder außerirdisch, und sie kennen die Antworten der kompliziertesten wissenschaftlichen Probleme, die von den führenden Wissenschaftlern dieser Erde nicht beantwortet werden können.

Angenehme Träume, Menschheit! Die Tinsel- Retter sind hier, um Ihnen in jeder Not zu helfen.

Die ganze Welt ist großartig!... Bis Sie aufwachen.

9. KAPITEL

EXISTENTIELLE RISIKEN ODER PLEITE

Die Erde ist die Wiege des Geistes, aber wir können nicht für immer in der Wiege bleiben.
—Konstantin Tsiolkovsky, Wegbereiter der Raumfahrt.

Existenzielle Risiken sind solche, welche die gesamte Bevölkerung unserer Zivilisation zu zerstören drohen (*Homo sapiens*, für jetzt) oder deren Kapazitäten stark zu reduzieren, so dass die normale Weiterentwicklung verhindert wird.

Die existenziellen Risiken sind von entscheidender Bedeutung, nicht nur für die menschliche Zivilisation, sondern auch für die außerirdischen Rassen, die maschinelle Intelligenz, die künstliche Intelligenz oder anderen noch unbekannten klugen Lebensformen, natürlich oder künstlich. Wir wissen immer noch nicht, ob *Homo sapiens* ein natürliches Produkt ist, oder ein künstliches. Die Menschen könnten auch zum Teil natürlich und zum Teil künstlich sein.

Normalerweise gehen wir davon aus, dass die menschliche Rasse von höchster Bedeutung ist.

Allerdings sollten wir nie vergessen, dass es zahlreiche außerirdische Zivilisationen gibt, die auch denken, dass ihre Völker von höchster Bedeutung sind.

Wenn irgendeine der Weltraum-Intelligenzen eine existenzielle Entscheidung zu treffen hat, wird sie immer gegen alle anderen Zivilisationen stimmen, einschließlich der Menschheit.

Wir sollten es ihnen nicht verübeln, weil wir das gleiche tun würden.

Die außerirdischen Zivilisationen gehören zu den existenziellen Risiken für die Menschheit. *Homo sapiens* wird auch zu den existenziellen Risiken für andere Weltraum-Rassen gehören.

Alle Zivilisationen werden voneinander abhängig sein. Alle sind Jäger, alle sind Gejagte.

Bis ins 20. Jahrhundert wurde die menschliche Existenz durch Naturkatastrophen wie Asteroiden, Gammastrahlen-Ausbrüche, drastische Zunahme oder Abnahme der Sonnenleistung, Meteoriteneinschläge, die instabile Umlaufbahn eines Himmelskörpers des Sonnensystems, Supervulkane, globale Veränderungen des Klimas, kosmische Staubwolken, und so weiter, bedroht. Massive Weltraumobjekte wie Sterne, Planeten, schwarze Löcher, Überreste von Sternen usw., könnten in das Sonnensystem eindringen und könnten sich der Erde auf katastrophale Weise nähern.

Die frühen Menschenarten könnten auch von Konkurrenten wie *Homo sapiens neanderthalensis* ausgelöscht werden.

Mit dem 20. Jahrhundert begann auch für die Menschheit eine neue Ära, die Ära des vom Menschen gemachten (anthropogenischen) Risikos der Ausrottung. Zum ersten Mal seit seiner Entstehung, ist *Homo sapiens* in der Lage, die menschliche Zivilisation vollkommen zu vernichten. Atombomben wurden die ersten Massenvernichtungswaffen, die uns damit bedrohen, unsere Zivilisation, so wie wir sie kennen, zu beenden.

DIE WURZELN DER ZUKUNFT LIEGEN IN DER VERGANGENHEIT

In den 1980er Jahren kamen Waffen mit einer einzigen Steuerung zum Einsatz, wenn ein Schwarm, in der Regel eine Gruppe von 4 bis 24 Raketen abgefeuert wurde - eine Rakete steigt auf eine höhere Flughöhe und erkundet Ziele, während die anderen angreifen. Die Rakete zur Zielbestimmung steigt in schnellen und unerwarteten Bewegungen, um schwieriger abgefangen zu werden. Die Führungsrakete nutzt ihr Radar in Aktivmodus und Passivmodus. Der aktive Modus wird für einen schnellen „Blick" verwendet und dann ausgeschaltet, wobei die Wahrscheinlichkeit einer Penetration zunimmt.

Die Raketen einer Gruppe werden in der Regel gleichzeitig abgefeuert. Das computerisierte Missionsplanungssystem könnte auch mehrere Salven über einen Zeitraum feuern, wobei die Routen berechnet werden, so daß die gesamte Gruppe gleichzeitig am Ziel ankommt, oder in kleinen Gruppen nacheinander, um Zeit zu haben, die Ergebnisse der Angriffe der ersten Raketen zu beurteilen.

Sollte die Führungsrakete zerstört werden, wird eine andere Rakete des Schwarms deren Funktion übernehmen.

Die Führungsraketen bestimmen Zielvorgaben für alle untergeordneten Raketen der Gruppe, und im Falle von massiven Salven, kommuniziert sie mit den Führungsraketen der anderen Gruppe, um den Angriff zu koordinieren. Die Raketen sind mit einem leistungsstarken digitalen Computer mit drei Prozessoren ausgestattet.

Führungsraketen sind in der Lage, Ziele zu priorisieren, Ziele zu differenzieren, sowie Gruppenziele automatisch zu erkennen, unter Verwendung der während des Fluges gesammelten Information. Der Schwarm wird die Ziele in der Reihenfolge ihrer Priorität treffen, von der höchsten bis zur niedrigsten. Nach Zerstören des ersten zugeteilten Ziels werden die restlichen Flugkörper das nächste priorisierte Ziel angreifen, und so weiter, bis hin zum letzten. Führungsraketen können bis zu Hunderten von Zielen erkennen und verfolgen.

Der Raketen-Bordcomputer kann auch, mit einer Kombination von Radar-Jamming und Täuschungsmanövern, Gegenmaßnahmen zur Vermeidung von Angriffen durch feindliche Raketenabwehrsysteme ergreifen. Die Raketen verfügen über einen Bordradar-Warnempfänger und Analysator, was ihnen ermöglicht scharfe Manöver einzuleiten, wenn nötig.

Die Raketen-Gruppenbildung arbeitet in einem autonomen Modus, da Computer auf dem Schlachtfeld viel schneller und effektiver sind, als der menschliche Verstand, und auch, um feindliche Störungen zu vermeiden. Der Mensch beginnt den Angriff lediglich durch das Drücken einer Taste. Sobald er gestartet ist, kann niemand den Angriff des Atomraketen-Schwarms mehr abbrechen, und die Ziele rund um den Globus werden vernichtet. Es gibt keinen Weg, um die tödlichen Angriffe abzubrechen. Befehle können nicht rückgängig gemacht werden.

Das alarmierende Wort lautet hier *autonom*. Autonome Waffensysteme sind in der Lage die Menschheit zu vernichten.

Diese Vorfahren der autonomen Waffen, mit einer rudimentären künstlichen Intelligenz, die in der Lage ist alle Menschen zu vernichten, sind auf der Erde seit den 1980er Jahren im Einsatz.

TOTE HAND

In den 1980er Jahren installierte die Sowjetunion das Systema Perimetr, ein automatisiertes Kampfsystem, welches eine Antwort auf einen nuklearen Angriff aus den Vereinigten Staaten ermöglicht, auch wenn die Spitzenpolitiker und Militärs getötet worden wären, wenn das Systema Atomschläge durch Sensoren für Erdbeben, Licht, Radioaktivität, und Überdruck erkannt hätte. Das System wurde auch tote Hand genannt.

Im Atomkrieg könnten herkömmliche Kabel- Funk-
und Satellitenkommunikation zerstört werden. Die starken
elektromagnetischen Impulse könnten alle
Kommunikationsgeräte vernichten.

Bei der Erfassung eines nuklearen Angriffs würde
das Systema Perimetr Kommunikationsraketen abfeuern, die
hoch über Raketenfelder und andere militärische Anlagen
fliegen und Angriffsbefehle an Raketen, Bomber und U-
Boote auf See, senden würden.

Dr. Bruce G. Blair, Präsident des World Security
Institute, eine US-amerikanische Gedankenschmiede in
Washington, DC, sagte in *The New York Times* im Oktober
1993, dass, im Gegensatz zu einigen westlichen
Überzeugungen, viele der Atomraketen Russlands in
unterirdischen Silos und auf mobilen Raketenwerfern
automatisch abgefeuert werden können.

Die Russen hatten sehr viel Erfahrung mit
ferngesteuerten, anspruchsvollen Maschinen und Raketen.

Das Wettrennen im Weltraum zwischen den
Vereinigten Staaten und der Sowjetunion und ihre
militärischen Implikationen begann als ein
Raketenwettbewerb zwischen Deutschland und der
Sowjetunion.

Vor und während des Zweiten Weltkriegs gewannen
Deutschland und die Sowjetunion wertvolle Erfahrung.

Nach dem großen Erfolg der V-2, unter dem
Codenamen *Projekt Amerika*, versammelte Deutschland ein
Team unter der Leitung von Wernher von Braun zum

Entwurf der ersten ballistischen Interkontinentalrakete, um New York und andere amerikanische Ziele aus Startplätzen in Europa zu bombardieren.

Sie planten auch einen Angriff mit Langstreckenraketen an den Orten des Manhattan- Projekts, um so den Bau der Atombombe durch die Vereinigten Staaten zu verhindern.

Deutschland begann damit, U-Boote mit Raketen auszustatten, die in der Lage sind, amerikanische Städte zu treffen.

Zunächst hatte man vor, die Raketen, die aus Standorten in Europa abgefeuert werden sollten, per Funk zu lenken. Raketenleitsysteme waren zu dieser Zeit bei einer Reichweite von 5000 km sehr ungenau, aber die Deutschen hatten Pläne, dies zu verbessern.

Nach dem Scheitern der Operation Elster, der deutschen Mission zum Sammeln von Informationen und zur Sabotage des Manhattan-Projekts, um so die USA am Bau der Atombombe zu hindern, beschloss das, für den Entwurf der Raketen zuständige Team die Rakete pilotiert zu machen. Am Ende des Krieges wurden alle deutschen militärischen und Raketenprojekte abgebrochen.

Die Aggregat-Serien (A-1 bis A-12) waren eine Reihe von Raketenentwürfen, die zwischen 1933 und 1945 von einem Forschungsprogramm der deutschen Armee entwickelt wurden.

Ihr größter militärischer Erfolg war die A4, besser bekannt als V-2.

Weiterentwicklungen der materialisierten A9/A10 wurden ebenfalls entworfen.

Die A12 war eine echte Weltraumrakete. Es wurde als ein Vier-Stufen-Fahrzeug konzipiert, das in der Lage ist, 10 Tonnen Nutzlast oder Besatzung in der Erdumlaufbahn zu platzieren.

Im Jahr 1941 wurde Deutschland die dominierende Weltmacht. Wäre Deutschland nicht in die Sowjetunion einmarschiert, könnte es die Raumfahrtmacht Nummer eins sein, mit dem ersten Satelliten, dem ersten bemannten Raumschiff, der ersten interkontinentalen ballistischen Rakete, der ersten A-Bombe usw. Deutschland hatte bereits ganz Europa unter Kontrolle. Die europäischen Länder waren entweder Verbündete (mehr oder weniger) oder besetzt. Die Schweiz war relativ neutral und profitierte von beiden Parteien. Nur das Vereinigte Königreich befand sich noch nicht unter der Kontrolle von Deutschland, aber falls nicht bei der Invasion der Sowjetunion, war es nur eine (kurze) Frage der Zeit, denn im Jahr 1941 hatte Deutschland die Armeen und wirtschaftlichen Ressourcen des Kontinents unter Kontrolle. Es war für die größte Volkswirtschaft der Welt. Die Industrie und die Infrastruktur Europas waren in einem ausgezeichneten Zustand, die menschlichen Verluste waren begrenzt, die Volkswirtschaften waren am gedeihen.

Nach dem Krieg, erfassten sowohl die Sowjetunion als auch die Vereinigten Staaten die deutsche Raketentechnik, Entwürfe und Dokumentation, zusammen mit deutschem Arbeitspersonal, das in Bezug auf Waffen,

Aerodynamik, Raketentechnik, Kernphysik, Medizin, Metall-Industrie, Optik, Chemie usw., sachkundig war, und belieferten damit ihre eigenen Staaten.

Operation Paperclip war ein Programm, das verwendet wurde, um Wissenschaftler aus Deutschland für die Beschäftigung in den Vereinigten Staaten anzuwerben. Es ging auch darum, die deutschen wissenschaftlichen Erkenntnisse und das Fachwissen der Sowjetunion und dem Vereinigte Königreich zu verweigern und natürlich dem geteilten Deutschland selbst (wie es Brian Johnson, Wissenschaftsjournalist beim BBC, in seinem Buch *Der geheime Krieg* darlegte).

In der unmittelbaren Nachkriegszeit begannen Amerikaner und Russen mit Raketen-Forschungsprogrammen, welche auf den Entwürfen der deutschen Kriegszeit basierten, insbesondere der V-2. Das primäre Ziel waren transatlantische Langstreckenraketen.

Die erste interkontinentale ballistische Rakete wurde im Jahr 1957 von der Sowjetunion gestartet. Die erste strategische Raketen-Einheit wurde im Jahr 1959 in Betrieb genommen. Sie war in der Lage, Atomwaffen rund um den Globus zu befördern.

Im Jahr 1970 steuerten die Russen aus der Entfernung, von der Erde aus, ein Fahrzeug auf dem Mond. Lunochod war der erste ferngesteuerte Roboter, der auf einem anderen Weltraumkörper landete.

Im Jahr 1970 war Luna 16 die erste Roboter-Sonde, die auf dem Mond landete und eine Mondbodenprobe zur Erde zurück brachte. Im gleichen Jahr landete Venera 7 auf der Oberfläche der Venus, und war damit die erste künstliche Weltraumsonde, die erfolgreich auf einem anderen Planeten gelandet war, und von dort Daten zurück zur Erde sandte.

In den 1980er Jahren schuf die Sowjetunion die erste automatisierte Kampfmaschine, die sogar nach dem Tod ihrer Meister in der Lage wäre, einen nuklearen Krieg zu führen.

Glauben Sie, dass das System der Toten Hand ein Relikt aus deren Zeit ist? Ich würde sagen, dass es die Waffe der Zukunft ist, die wir fürchten.

Systema Perimetr war das erste. Nun gibt es mehrere von diesen und bald wird es viele ausgeklügelte Systeme mit künstlicher Intelligenz geben, die eine enorme militärische Macht über die ganze Welt unter Kontrolle haben.

Jetzt sind diese Systeme viel anspruchsvoller und viel verheerender als Perimetr.

Alle führenden Staaten haben künstliche Intelligenz und robotische Waffenprogramme mit enormen Budgets. Sie glauben, dass diese Technologie den Weg in die Überlegenheit ebnet.

In der Zukunft wird sich eine Legion von mächtigen Toten Händen im Weltraum verbreiten, die für die Roboter-Armeen aus längst vergangenen oder weiterbestehenden Zivilisationen zuständig sind.

Während der Erkundung und Besiedlung des Weltraums werden alle sternreisenden Zivilisationen mit Planeten, Satelliten, Raumfahrt-Konstruktionen, Sternen usw. konfrontiert, die gut geschützt sind und aktiv verteidigt werden von leistungsfähigen, durch künstliche Intelligenzen gesteuerte Roboter-Armeen, deren Meister in einigen Fällen bereits schon lange tot sind. Haben wir das Recht, die mit hohen Maschinen bewaffneten Streitkräfte bereits untergegangener Zivilisationen (wenn wir das können) zu zerstören und das „freie" Land zu kolonisieren? Es ist auch möglich, dass, wenn ein solcher Angriff fehlschlägt, die außerirdische künstliche Intelligenz einen Vernichtungsfeldzug gegen alle menschlichen Raumschiffe, Kolonien und die Erde beginnt.

In der jüngsten Vergangenheit sind Atomwaffen in der Lage gewesen, die gesamte Menschheit zu vernichten. Heute haben wir genug Kernkraft, um die Welt mehrmals zu zerstören. Leider ist für uns einmal mehr als genug.

Bis vor kurzem stationierten nur zwei Supermächte, die USA und die Sowjetunion, Atomwaffen, welche in der Lage wären, die Menschheit zu vernichten.

Jetzt verfügen mehrere Staaten über die nukleare Kapazität, um alle Menschen in die Hölle schicken.

Bald werden mächtige Organisationen und sogar Einzelpersonen die Macht, das Geld und die neuen Technologien zusammen mit den Atomwaffen haben, um unsere Zivilisation zu zerschlagen.

Jetzt stellt der technologische Fortschritt aller Zivilisationen der Galaxie eine ernsthafte existenzielle Gefahr für sie alle dar.

236 Das verborgene Alpha

Heutzutage sind wir in der Lage, die gesamte Menschheit auf der Erde zu vernichten. Morgen könnten wir das gesamte Sonnensystem vernichten. In Zukunft könnten wir viele außerirdische Sonnensysteme mit all ihrem Leben und Intelligenz vernichten, vielleicht sogar die gesamte Galaxie.

Was noch schlimmer ist, Tausende von hoch entwickelten Zivilisationen würden das Potenzial haben, sich selbst, unser Sonnensystem, die gesamte Menschheit, und die Galaxie zu zerstören. Ende der Jagd.

Auch ohne die Führung eines umfassenden High-Tech-Krieges mit Massenvernichtungswaffen, könnten die Weltraum-Zivilisationen untereinander gefährlich werden.

Es gibt eine lange Liste solch gefährlicher Tätigkeiten. Ausser Kontrolle geratene, selbstreplizierende Roboter und Nanobots. Außerirdische künstliche Intelligenzen kontollieren gefährliche oder umweltschädliche kosmische Schwerindustrie und auch zahlreiche Raumsonden, bemannte und Frachtraumschiffe. Kontamination mit Lebensformen von anderen Zivilisationen könnten das Leben und die Intelligenz auf vielen Welten in der Galaxie, einschließlich der Menschheit gefährden. Militär-Roboter von ungeheurer Kraft, sogar ganze selbst reproduzierende Roboter-Armeen mit einer unbegrenzten Lebensdauer, die deren vielleicht längst verstorbene Meister nicht mehr kontrollieren können, könnten in das Sonnensystem eintreten und einen High-Tech-Krieg mit Massenvernichtungswaffen gegen uns führen, indem sie ihren Programmen folgen, potenzielle Feinde zu vernichten, die bereits vor langer Zeit geschrieben worden waren, und möglicherweise seitdem mutiert sind.

Es gibt Hypothesen, dass sich unsere Zivilisation unter der Kontrolle einer Super-Zivilisation befindet (aus dem gegenwärtigen Universum oder aus früheren evolutionären Zyklen unseres Universums). Einige Forscher behaupten, dass der gesamte menschliche Verstand ein großes kollektives Unbewusstes bildet, das durch eine bislang unbekannte externe Struktur (natürliche oder künstliche Intelligenz, oder außerirdisches Superbewusstsein) überwacht wird. Dies macht unsere Zivilisation, und vielleicht alle außerirdischen Rassen im Universum, abhängig von einer anderen intelligenten Struktur und wir teilen auch die existenziellen Risiken dieser externen Kontrollstuktur. Wenn „sie" umkommen, ist alles Leben und Intelligenz im Universum ebenfalls zum Scheitern verurteilt.

Es besteht keine Notwendigkeit für eine außerirdische Zivilisation, böse zu sein, um uns zu zerstören, um unsere Entwicklung zu hemmen, oder um unsere Position im Wettbewerb mit anderen Zivilisationen zu schwächen, indem sie uns in eine zweitklassige Rasse mit wenig Überlebenschancen verwandelt. Ein außerirdisches Raumschiff könnte uns in vielerlei Hinsicht ungewollt zerstören: als Ergebnis von technischen und biologischen Unfällen oder als Fehler von Seiten der Besatzung oder der hohen Maschinen. Außerirdische Besucher könnten die gesamte Menschheit rein zufällig tödlich verseuchen. Grundlegende wissenschaftliche Experimente oder industrielle Katastrophen in großem Maßstab einer, von der Erde weit entfernten außerirdischen Zivilisation, könnte zahlreiche Weltraum-Rassen auslöschen, einschließlich der unseren.

GLOBALER WETTLAUF INS ALL:
IM SONNENSYSTEM UND DARÜBER HINAUS

Der Wettlauf ins All begann auf der Erde im Oktober des Jahres 1957, mit dem Start des sowjetischen Satelliten Sputnik. Die Situation führte zu einem panikähnlichen Zustand in Amerika, weil die Sowjetunion bereits Atombomben und interkontinentale ballistische Raketen hatte, welche die neu entwickelten Wasserstoffbomben befördern konnten, und nun wären sie in der Lage, Atombomben vom Kosmos auf die Vereinigten Staaten zu werfen.

Das Ende des Kalten Krieges, oftmals von 1947 bis 1991 datiert, setzte der ersten Phase des Wettlaufs ins All ein Ende.

Die Vereinigten Staaten und die Sowjetunion hatten in Weltraumforschung und- Technologie Glanzleistungen aufzuweisen, sowie unvermeidliche Misserfolge.

Nach dem Kalten Krieg, konnte die angeschlagene russische Wirtschaft mit dem großzügig finanzierten amerikanischen Raumfahrtprogramm nicht mithalten.

Der Sozialismus war tot. Der Kapitalismus erwies sich als produktiver als der Sozialismus.

In akademischen und populären Schriften, wird der Sozialismus fälschlicherweise als Kommunismus bezeichnet. Sie ähneln sich insofern, dass beide Produktionssysteme auf dem staatlichen Eigentum der Produktionsmittel und der natürlichen Ressourcen, einer zentralen Planung, ohne private Unternehmen, und der Diktatur von kommunistischen Parteien basieren. Der Sozialismus wächst direkt aus dem Kapitalismus. Die Marxistische Theorie behauptet, dass der Sozialismus nur ein Übergangsstadium auf dem Weg zum Kommunismus ist. Der Kommunismus ist eine Weiterentwicklung und die „höhere Stufe" des Sozialismus.

Einer der Grundsätze des Sozialismus ist dieser: jeder nach seinen Fähigkeiten, jedem nach seiner Leistung.

Der Grundsatz des Kommunismus ist dieser: Jeder nach seinen Fähigkeiten, jedem nach seinen Bedürfnissen. Diese lang erwartete höhere Stufe des Sozialismus kam nur für die kommunistische Partei-Elite. Die Volkswirtschaften der sozialistischen Länder sind zusammengebrochen.

Die Nachkriegszeit endete schließlich mit dem Scheitern des Sozialismus.

Jetzt ist der Übergang vom Sozialismus zur Marktwirtschaft in Russland, China und Osteuropa vorüber. Die politische und wirtschaftliche Landschaft verändert sich rasant. Das ländliche China gehört zu den Big Players.

Die Europäische Union wurde die größte Volkswirtschaft der Welt, mit einem riesigen Wachstumspotenzial, denn:

1. Die unterentwickelten ehemaligen sozialistischen Länder, die jetzt ein Teil der Europäischen Union sind, sind dabei aufzuholen.

2. Es gibt eine erwartete mechanische Erweiterung der Union durch den Beitritt neuer Länder.

3. Ein effizienterer staatlicher Mechanismus, der als ein Superstaat funktioniert und nicht so sehr als 30 Staaten.

4. Die Wunden des Zweiten Weltkrieges sind schließlich geheilt. Regiert von gesichtslosen Bürokraten, erinnert sich Europa noch immer an das Elend des Krieges und ist sehr vorsichtig, zum Guten und zum Bösen, aber bei der mächtigsten Volkswirtschaft der Welt wird die Begierde nach Weltherrschaft wieder erwachen. *IMPERIVM ROMANVM sine fine* lauert noch in den Köpfen vieler Europäer. *Römisches Reich ohne Ende* behält seinen Einfluß in den Köpfen und Herzen der Europäer und der Amerikaner europäischer Herkunft.

„Der anhaltende römischen Einfluss ist in der zeitgenössischen Sprache, Literatur, Gesetzestexten, Regierung, Architektur, Medizin, Sport, Kunst, Technik usw. durchdringend geprägt. Vieles davon ist so tief eingebettet, dass wir unsere Verbindlichkeit mit dem antiken Rom kaum mehr bemerken. Betrachten wir zum Beispiel die Sprache. Immer weniger Menschen behaupten heutzutage, Latein zu können, und nun gehen wir zurück zum ersten Satz dieses Absatzes. Wenn wir alle direkt aus dem Lateinischen stammenden Worte entfernen, würde dieser Satz lauten: ‚Der.'" Reid, T.R. in *Die Welt im Einklang mit Rom: Das fortdauernde Reich eines Imperiums, National Geographic*, August 1997.

Der imperiale Impuls wird die Vereinigten Staaten, die Europäische Union, Russland und China lenken. Dieser Impuls wird sich in deren Raumfahrtprogrammen der nahen Zukunft niederschlagen.

Nach der Rangfolge des Internationalen Währungsfonds, beträgt das nominale Bruttoinlandsprodukt (BIP) nach Ländern für das Jahr 2011 wie folgt (in Milliarden US-Dollar):

Europäische Union - 17.578

Vereinigte Staaten - 15.094

China - 7.298

Japan - 5.869

Brasilien - 2.493

Russland - 1.850

Kanada - 1.737

Indien - 1.676

Um einer der wichtigen Akteure im globalen Wettlauf ins All zu sein, sollte jeder Teilnehmer über immense Investitionsmittel, Fachwissen und Erfahrung verfügen. Dies sind die Europäische Union, die Vereinigten Staaten, Russland und China, die aktuellen Supermächte der

Welt. Es gibt mehrere Kandidaten für diesen Elite-Club, aber diese befinden sich immer noch auf der Warteliste.

China hat gegenüber den Vereinigten Staaten eine Beschleunigung mit einer markanten Geschwindigkeit erfahren. Noch vor zehn Jahren war die Wirtschaft der Vereinigten Staaten dreimal so groß im Vergleich zu Chinas. Der Internationale Währungsfonds prognostiziert, dass China die USA im Jahr 2016 überholen wird. Der in Washington ansässige Fonds macht geltend, dass seine Schätzung auf der vergleichenden Kaufkraft beider Länder beruht.

Es ist merkwürdig, dass derzeit die großzügig finanzierte NASA Sitze für die Internationalen Raumstation kaufen muss, von Russland ihrem, im Wettlauf ins All unterfinanzierten Erzrivalen Russland.

Das Know-how, Erfahrung, Finanzierung, Weltraumambitionen der Europäischen Union sind noch nicht ausreichend (das Ergebnis des Zweiten Weltkrieges), aber wir sollten uns daran erinnern, dass die wichtigsten Akteure hinter dem großen Erfolg des NASA-Programms und des Manhattan-Projekts europäische Wissenschaftler waren, europäische Expertise und Erfahrung, reichlich finanziert von den Vereinigten Staaten. Und Amerika selbst wurde von den Europäern geschaffen.

Europa hat auch den Zweiten Weltkrieg verloren. Nach dem Krieg lagen Europa und die Sowjetunion in Ruinen. Ungefähr 55 Millionen Menschen in Europa starben während des Zweiten Weltkriegs. Die Sowjetunion erlitt enorme Verluste in dem Krieg gegen Deutschland. Die Bevölkerung der Sowjetunion verringerte sich um etwa 40 Millionen während des Krieges. Millionen von Menschen in Europa und der Sowjetunion waren obdachlos, die europäische Wirtschaft war zusammengebrochen, und ein Großteil der industriellen Infrastruktur Europas war zerstört worden. Die meisten Gelehrten und Techniker waren tot oder lebten außerhalb Europas. Millionen hungriger Menschen dachten nur ans Überleben. Die westdeutsche Industrie wurde demontiert. Der Plan der „industriellen Abrüstung" der Nachkriegszeit für Deutschland bestand darin, durch vollständige oder teilweise Deindustrialisierung, die Fähigkeit Deutschlands, Krieg zu führen, zu zerstören. Niemand dachte an die Wissenschaft oder an die Finanzierung der Forschung. Die meisten Labors, Forschungseinrichtungen und Universitäten lagen in Ruinen. Die Inflation war groß, sogar die Hyperinflation wurde erreicht. Viele Länder mussten schwere Wiedergutmachungen bezahlen.

Die Vereinigten Staaten und das Vereinigte Königreich verfolgten ein „intellektuelles Entschädigungsprogramm", um das gesamte technologische und wissenschaftliche Know-how sowie alle Patente in Deutschland zu ernten. Der Wert dieser belief sich auf rund 10 Milliarden Dollar, 119 Milliarden in den Dollars des Jahres 2011.

244 Das verborgene Alpha

Europa und Russland kämpften über eine lange Zeit, um ihre Kapazitäten in Wissenschaft und Forschung sowie ihr Finanzierungspotenzial wiederherzustellen.

Der zweite Weltkrieg führte zum Untergang Europas als Zentrum der Welt und führte zum Aufstieg der Vereinigten Staaten und der Sowjetunion als Supermächte.

Jetzt beginnt ein neuer Wettlauf ins All. Bei dem Rennen geht es um die Dominanz im Weltraum, aber auch um Gewinn, um großen Gewinn. Länder, Unternehmen und vermögende Privatpersonen kommen in Scharen, um den Weltraum um Erde, Mond und Mars zu erkunden.

Die Menschen müssen das Sonnensystem vor der Ankunft der außerirdischen Zivilisationen kolonisieren. Der globale Wettlauf ins All und die rasante Entwicklung der Raumfahrttechnologie und der astronomischen Instrumente bedeutet auch, dass wir erwarten sollten, in der nahen Zukunft konkrete Beweise über außerirdische Intelligenz zu erhalten, sowie den lang erwarteten (aber vielleicht ungewollten und gefährlichen) außerirdischen Besuch.

ALIENS AUF MOND UND MARS

Eine robotische Kolonisierungssonde einer biologischen oder mechanischen außerirdischen Zivilisation beginnt damit, auf dem Mond und dem Mars, natürliche Ressourcen zu gewinnen und Anlagen zu bauen. Sie könnte enorme Mengen an niedrigen und hohen Robotern,

Maschinen, und alle Arten von Geräten herstellen. Die
außerirdischen robotischen hohen Maschinen könnten auch
einen künstlichen Lebensraum bauen, für ihre biologischen
Meister und damit beginnen, eine außerirdische Zivilisation
hochzuziehen, aus dem von ihnen her angelieferten,
biologischen Material.

Die Alien-Rasse würde uns nicht direkt angreifen
oder bedrohen, aber die Menschheit würde Mond und Mars
verlieren, die wir als dem *Homo sapiens* zugehörig
betrachten, und die der nächste wichtige Schritt in unseren
Raumfahrtprogrammen sind. Wir planen, die menschliche
Besiedlung des Weltraums von Mond und Mars aus zu
starten. Der Verzicht auf Mond und Mars wäre dem
Beschneiden der Weltraum-Flügel der Menschheit
gleichzusetzen. Tierbesitzer trimmen oftmals die primären
Schwungfedern der Vögel, so dass diese nicht mehr
vollkommen flugfähig sind.

Die Besiedlung des Weltraums ist eine der
wichtigsten Lösungen zur Verringerung des Risikos des
Aussterbens des *Homo sapiens*.

TERRA NULLIUS

Außer der Erde gehören Mond, Sonne und die
Planeten des Sonnensystems mit ihren Satelliten uns, oder
sind sie *terra nullius*, ein Land, das noch nie unter der
Souveränität eines terrestrischen Staates stand? Die
Souveränität eines *terra nullius* (Niemandsland) könnte
durch Inbesitznahme erworben werden.

246 Das verborgene Alpha

Sie könnten zum Eigentum derer werden, von denen sie als erste weitgehend kolonisiert werden, Menschen oder Nichtmenschen.

Einzelpersonen können nun auf dem Mond Grundbesitzer werden durch den Kauf von Land auf unserem natürlichen Satelliten. Firmen und Immobilienagenturen erheben den Anspruch auf eine gesetzliche Grundlage für den Verkauf von lunaren und anderen außerirdischen Immobilien innerhalb des Sonnensystems. Man kann ein stolzer Landbesitzer werden durch den Kauf von Grundstücken auf Mond, Mars, Venus usw., aber es gibt einige „Aber".

Der „Vertrag über die Grundsätze zur Regelung der Aktivitäten der Staaten bei der Erforschung und Nutzung des Weltraums einschließlich des Mondes und anderer Himmelskörper", ist im Jahr 1967 in Kraft getreten und wird allgemein als Weltraumvertrag bezeichnet.

Der internationale Weltraumvertrag verbietet es den Nationen Anspruch auf die Souveränität über Mond, Mars und andere Himmelskörpern des Sonnensystems zu erheben, durch die Inanspruchnahme der Souveränität durch Nutzung oder Beruf oder durch andere Mittel. Allerdings werden davon die privaten Ansprüche auf Grundstücke nicht ausgeschlossen, denen zufolge die Unternehmen außerirdische Grundstücke verkaufen.

Der Vorstand des Internationalen Instituts für Weltraumrecht (IISL International Institute of Space Law)

hat im Jahr 2009 eine Erklärung abgegeben „Über die
Ansprüche auf Eigentumsrechte hinsichtlich des Mondes
und anderer Himmelskörper", wobei es um die Ansprüche
auf private Eigentumsrechte über die Himmelskörper im
Sonnensystem geht, und die besagt, dass „die Urkunden, die
sie verkaufen, keinen rechtlichen Wert und keine Bedeutung
haben und keinerlei anerkannte Rechte vermitteln." Der
Artikel VI des Weltraumvertrags sieht vor, dass „Staaten
völkerrechtlich für nationale Aktivitäten im Weltraum
verantwortlich sind, einschließlich des Mondes und anderer
Himmelskörper, ob diese Tätigkeiten von staatlichen Stellen
oder von nicht-staatlichen Stellen durchgeführt werden." Die
Nicht-Regierungs-Organisationen sind private Parteien:
Einzelpersonen und private Unternehmen.

Der internationale Weltraumvertrag verbietet es den
Nationen Anspruch auf Souveränität über Mond, Mars und
andere Himmelskörpern des Sonnensystems zu erheben,
durch die Inanspruchnahme der Souveränität durch
Nutzung oder Beruf oder durch andere Mittel. Die
Unterzeichner des Weltraumvertrags betrachten diese nach
dem Grundsatz des gemeinsamen Erbes der Menschheit, was
bedeutet, dass Elemente der Erde, Kosmos, Kultur und
Wissenschaft der ganzen Menschheit gemeinsam sind und
für künftige Generationen bewahrt werden und zum Wohle
der gesamten Menschheit eingesetzt werden sollten.

Heute könnte dies wie eine akademische Übung für
Juristen erscheinen, aber bald wird es Konflikt geben
zwischen den Weltraumnationen, die auf Mond, Mars und

anderen Weltraumkörpern ihre Basen bauen. Die Leute, die außerirdisches Land gekauft haben, und die privaten Weltraumkonzerne, wie fremde Forscher, Kolonisten und Unternehmer, würden in Konflikt geraten mit den gleichen Grundbesitzern, privaten Unternehmen und Regierungen.

Die Grundstücke auf Mond und Mars könnten bereits einem außerirdischen Bauträger oder einem Bergbauunternehmen angehören, die sich auf dem Weg zu ihrem Eigentum befinden.

Es könnte Dutzende von Eigentümern geben, menschliche und außerirdische, die jeweils Besitzanspruch auf das gleiche Land erheben, jeder mit einer gültigen, registrierten Urkunde.

Was ist, wenn sich bereits Raumschiffe auf Mond und Mars befinden, mit dem alleinigen Zweck, den Anspruch auf Land zu erheben, wenn der richtige Zeitpunkt gekommen ist? Sie könnten für eine sehr lange Zeit dort bleiben.

Vielleicht haben die außerirdischen Astronauten, die die Erde schon vor der Entstehung der Menschheit besucht hatten und dort verweilt sind, bereits die Urkunden für das Land unseres Planeten. Leben wir auf deren Eigentum, und werden wir eines Tages dafür bezahlen müssen? Nur ein Scherz, vielleicht!

Wenn eine außerirdische Firma auf dem Mars oder auf dem Mond mit Bergbauarbeiten beginnt, was könnten die menschlichen Grundbesitzer oder die Regierungen dagegen tun? Das außerirdische Unternehmen verklagen? Wo? Auf dem Mars, auf der Erde, auf dem Mond? Oder sollten die menschlichen Grundbesitzer und Vertreter der Regierungen zu einem Gericht reisen, das sich auf einem Planeten oder in einem Sternsystem 2000 Lichtjahre von der Erde entfernt befindet? Oder sollten sie einfach nur zum Mars fliegen und die Eindringlinge hinaus befördern, indem sie mit einer Schrotflinte winken?

Eine außerirdische Weltraum-Rasse, die den Mond, Mars und andere Himmelskörper im Sonnensystem besitzt, könnte nicht zulassen, dass menschliche Raumschiffe auf ihrem Besitztum landen. Vielleicht sollten wir beim Besuch „unseres" Mondes den Aliens etwas bezahlen, falls diese sich dazu entscheiden, wohlwollend zu sein. Unser Mond oder deren Mond?

Die allzu vielen möglichen Kläger und der zweideutige Weltraumvertrag arbeiten gegen die Menschheit. Die juristischen und militärischen Auseinandersetzungen um den Besitz des Weltraums und der Himmelskörper sind wenig beneidenswert.

Wenn ein außerirdisches Raumschiff auf dem Mars oder auf dem Mond landet, können die Außerirdischen nach den Gesetzen der Erde ihren Anspruch auf Land sofort geltend machen. Sie könnten rechtlich Millionen Hektar des besten Landes auf dem Mars und auf dem Mond besitzen, das Land mit Wasser, Mineralien, Metallen, die besten klimatischen Bedingungen usw. Dort zu leben ist die unerlässliche Bedingung für jedermann, der Anspruch auf Land erhebt. Die Gesetze auf der Erde schließen außerirdische Kläger nicht aus.

250 Das verborgene Alpha

Wir sollten nicht überrascht sein, wenn eine außerirdische Zivilisation Lebensmittelgeschäfte, Hotels, Kraftwerke, Industrie und so weiter auf dem Mond und auf dem Mars baut, und damit anfängt, ausländischen Besuchern von der Erde und von anderen Planeten zu begegnen. Es könnte auch Tagesausflüge auf die Erde, den Planet der Idioten, geben.

Die Außerirdischen könnten uns auch schreiben: „Nach den menschlichen Gesetzen gehören die Länder des Sonnensystems, mit Ausnahme der Erde, niemandem und wir haben sie genommen! Vielen Dank für das freie Land, Danke, dass Ihr Idioten seid!"

Was passiert, wenn eine ferngesteuerte robotische Bergbaugruppe auf dem Mond und auf dem Mars landet, und ihre Geschäftstätigkeit beginnt, die natürlichen Ressourcen zu extrahieren, ohne die Menschen um Erlaubnis zu bitten? Brauchen sie eine Erlaubnis? Wer gibt ihnen diese Erlaubnis? Was wird unsere Antwort sein, wenn wir entscheiden, den Außerirdischen nicht zu erlauben, auf dem Mond oder auf dem Mars zu verweilen? Oder vielleicht könnten sie für eine kurze Zeit dort bleiben, aber wir entscheiden, den Bergbau oder den Bau von Siedlungen zu verbieten.

Sind die außerirdischen intelligenten Roboter rechtliche Antragsteller? Wenn ein außerirdisches Raumschiff von einer sehr hoch entwickelten künstlichen Intelligenz bewohnt wird, kann diese künstliche Intelligenz

Anspruch auf Land auf dem Mond und auf dem Mars erheben? Wenn ein ferngesteuertes Raumschiff, das voll ist von Biorobotern mit einem IQ von etwa 50 (Menschen mit einem IQ von 50 gelten als leicht behindert), sind sie dann in der Lage, einen Anspruch auf Land geltend zu machen? Haben diese robusten Bioroboter das Recht, im Sonnensystem Einrichtungen aufzubauen und sich zu vermehren? Es könnte Milliarden von ihnen geben, die auf allen möglichen Himmelskörpern leben. Haben wir das Recht, sie zu vernichten? Können wir das tun, bevor es zu spät ist? Wie intelligent sollte ein Unternehmen sein, um das Recht zu haben, einen Anspruch auf Land geltend zu machen? Auf der Erde haben selbst die dümmsten Menschen das Recht, Land zu besitzen.

Die robusten Bioroboter mit niedrigem IQ (alle Arten von Versionen), zusammen mit den mechanischen Robotern, können mit Mond, Mars und anderen Himmelskörpern einen „Terraforming-Prozess" beginnen. Terraforming bedeutet wörtlich Erd-Gestaltung, aber die außerirdischen mechanischen und biologischen Arbeiter würden die Atmosphäre, die Temperatur usw. verändern, um eine dem Herkunftsplaneten ihrer Meister ähnliche Ökosphäre mit Pflanzen und Tieren zu schaffen, die dann ankommen werden, wenn für sie alles bereit ist.

Sie sind keine direkte Bedrohung für uns. Sie greifen uns nicht an. Sie besiedeln nur alle möglichen Himmelskörper im Sonnensystem.

Wer besitzt die natürlichen Ressourcen auf den Himmelskörpern im Sonnensystem, oder auf anderen bewohnten und unbewohnten Planeten und Satelliten in der Galaxie? Falls es auf einigen Planeten primitive Intelligenzen geben sollte, auf dem Niveau der sich entwickelnden Cro-Magnon- Menschen, Neanderthaler, oder *Homo habilis,*haben wir dann das Recht, die natürlichen Ressourcen dieses Planeten auszuschöpfen, und damit die Entstehung einer lokalen Zivilisation zu verhindern? Nur die ersten paar tausend Zivilisationen werden sich weiterentwickeln und gedeihen, mit allen natürlichen Ressourcen der Galaxie. Der Rest wird untergehen oder sie werden zu primitiv sein für den Standard der zukünftigen Zivilisationen. Wenn wir die natürlichen Ressourcen auf den Planeten mit primitiven Kreaturen nicht nutzen, dann werden es irgendwelche außerirdischen Bergbauunternehmen tun, und sie werden dadurch einen enormen Vorteil in diesem Teil der Galaxie haben. Was sollen wir tun?

Wenn solch ein mächtiges Unternehmen zur Erde kommt, und uns als eine unterentwickelte Zivilisation betrachtet, so wie wir den Cro-Magnon-Menschen betrachten, und mit Geschäftsaktivitäten auf unserem Planeten, auf dem Mond und auf dem Mars beginnt, was sollten die Menschen dann tun? Können wir etwas tun, um dies zu verhindern? Das außerirdische Unternehmen wird dann praktisch die Erde besitzen, sowie alles auf ihr.

Das wohlwollende außerirdische Unternehmer könnte die Erde verlassen und die Erdlinge in Ruhe lassen und ihr Geschäft auf Mars und Mond beschränken, die ebenfalls zu dessen Besitz gehören. Menschen werden dann auf der Erde wie in einer Art Naturpark leben, ohne „Erlaubnis" sie zu verlassen. Wir werden dann von den Kolonisierungs- und Expansionsaktivitäten der prosperierenden Zivilisationen in der Galaxie ausgeschaltet sein, fast ohne Überlebenschance.

Heutzutage können wir noch nicht einmal zum Mars fliegen. Können wir Truppen auf den Mond schicken? Wir können einen Krieg gegen sie führen und Atomraketen zum Mond oder zum Mars feuern, aber die Abwehrkämpfer der außerirdischen Bergbauunternehmen könnten die Raketen zerstören und uns in einer Angelegenheit in wenigen Tagen kaputtschlagen. Glauben Sie, dass Cowboys eine außerirdische Zivilisation besiegen können, die in der Lage ist, zwischen den Sternen zu reisen? Natürlich könnten wir wirtschaftliche Sanktionen gegen jeden außerirdischen Angreifer verhängen, aber dies ist nur ein Stück Papier.

Wenn wir das außerirdische Unternehmen oder die Besiedlungsgruppe angreifen, würden diese das Recht haben, den Angriff militärisch und rechtlich zu erwidern, eventuell die Kontrolle über den Menschen als eine aggressive Rasse zu übernehmen und uns zu entwaffnen. Ein anderes Ende der menschlichen Geschichte, für eine sehr lange Zeit zumindest, wenn nicht für immer.

Es gibt zahlreiche Besiedlungsszenarien, einige werden sogar von Raumfahrtagenturen herausgegeben. Alle sehen sehr viel versprechend aus, mutig, sehr wissenschaftlich, und absolut anthropozentrisch. Aber vielleicht wären sie nicht in der Lage, einen größeren

Weltraumkörper zu besiedeln, da jedes Land eines gewissen Wertes in der Galaxie bereits vor Tausenden von Jahren verkauft worden ist. Einige Wissenschaftler behaupten sogar, dass es Zivilisationen gibt, die schon seit Millionen von Jahren, ja Milliarden von Jahren, in der Galaxie herum gewandert sind. Alles wurde schon vor langer Zeit verkauft. Deshalb sollten wir auf der Erde bleiben, bis wir ausgestorben sind. Auf der anderen Seite könnten wir eine Überlebensstrategie verfolgen und andere Weltraumkörper beanspruchen (primär durch Gewalt), unter Vernachlässigung der Gesetze anderer Weltraumzivilisationen? Und wie könnten wir dann von ihnen erwarten, dass sie unsere Gesetze befolgen, und nicht zur Erde kommen, um zu nehmen oder zu tun, was sie wollen?

Eines der Probleme der Raumfahrt ist der Mangel an Tankstellen in dem leeren Raum.

Die außerirdischen Kaufleute könnten uns Helium-3, Mondwasser, Metalle und Mineralien auf dem Mond verkaufen.

Helium-3 könnte eine Quelle sein, für saubere, praktisch unbegrenzte Macht. Es ist selten auf der Erde, aber man nimmt an, dass auf dem Mond reichlich davon vorhanden ist, für den industriellen Bergbau. Helium-3 wurde, über Milliarden von Jahren, durch den Sonnenwind in die obere Regolith-Schicht eingebettet. Es könnte wertvoller Brennstoff für die Kernfusion-Kraftwerke und Raketentriebwerke sein.

Es könnte zu teuer sein, Helium-3 zur Erde zurück zu transportieren, aber der Helium-3-Bergbau könnte ein großes Geschäft sein, weil es ein wichtiger Brennstoff sein könnte für die Weltraumreisen im Sonnensystem.

Die Außenfläche des Mondes ist reich an seltenen Elementen der Erde, die auf der Erde für Elektronik und ökologische Energieanwendung sehr gefragt sind.

In naher Zukunft sollten diese zahlreichen Fragen ihre bitteren Antworten erhalten.

Juristische Fragen zu dem Besitz von Weltraumkörpern und deren natürlichen Ressourcen und die Art der Anspruchsberechtigten werden zu existenziellen Fragen.

Folgen wir der Natur der Natur, sollten die Menschen der Zukunft für endlose Kämpfe gut gerüstet sein, um den Wettbewerb zu überleben.

Jetzt gibt es keinen privaten oder nationalen Grundbesitz auf den Raumkörpern des Sonnensystems mit Ausnahme der Erde. Wem gehören das Wasser, die Mineralien und die Metalle auf dem Mars und auf dem Mond, wenn ein Unternehmen (menschlich oder außerirdisch) damit beginnt, sie zu nutzen? An wen sollen die Steuern bezahlt werden? Das außerirdische Land gehört niemandem, aber der Gewinn aus Tourismus und Industrie wird den mächtigen Magnaten gehören, Unternehmen und Nationen, die in der Lage sind, dort ein Geschäft zu beginnen.

Nationen und private Unternehmen werden bald um die Wette rennen, um auf dem Mond Basen zu bauen und mit der Förderung von Helium-3, seltenen Metallen der Erde, Wasser und Mineralien zu beginnen.

Ich bin überzeugt davon, dass es in den kommenden Jahren legitime geschäftliche und private Grundbesitzer von außerirdischen Land mit echten Besitzurkunden geben wird. Der Weltraumvertrag ist veraltet und unzureichend. Er spiegelt das Denken vergangener Zeiten wider. Wissenschaft, das menschliche Denken und die Raumfahrttechnik haben sich weit über jene Zeiten hinaus entwickelt. Der Weltraumvertrag bietet der menschlichen Rasse keinen Schutz. Der neue Vertrag sollte die Menschen dazu ermutigen, mit der Besiedlung und Industrialisierung der Himmelskörper im Sonnensystem zu beginnen und rechtlichen Anspruch auf den Grundbesitz auf allen Himmelskörpern zu haben.

Menschen sollten die existenziellen Risiken der rasanten Entwicklung von Wissenschaft, Technologie, Militär-Technologie auf sich nehmen und in den Weltraum einreisen, oder sie werden durch außerirdische Konkurrenten vernichtet werden.

Die Bilanz ist sehr unbehaglich, aber das ist unsere einzige Chance zu überleben.

Ein Abkommen zu existenziellen Risiken oder zumindest eine Absichtserklärung werden in den nächsten Jahrzehnten auf der Tagesordnung sein. Es sollten alle existenziellen Risiken für die menschliche Rasse abgedeckt sein, und sie müsste alle paar Jahre aktualisiert werden, wegen der raschen Entwicklung von Wissenschaft und Technik, was eine Gefahr des Aussterbens unserer Zivilisation darstellen könnte.

Die Entwicklung von Menschlichkeit, Wissenschaft und Technik bedeutet existenzielle Risiken. Wir könnten uns selbst in jedem beliebigen Augenblick vernichten.

Wir haben die schwierige Aufgabe, neue Technologien zu entdecken und zu entwickeln, einschließlich der gefährlichsten, ohne uns dabei zu vernichten. Wir sollten auch ein starkes Abwehrsystem schaffen, um uns gegen mögliche nichtmenschliche und menschliche Angriffe zu schützen.

Die menschlichen Regierungen könnten die Erforschung der gefährlichsten Technologien und wissenschaftlichen Experimente einschränken, aber dies würde uns in Gefahr bringen, indem wir nicht die richtige Reaktion hätten, wenn wir angegriffen oder bedroht werden durch Hightech-Terroristen oder außerirdische Zivilisationen.

Wir sollten sehr sorgfältig abwägen zwischen der Kontrolle über Wissenschaft und militärischen Technologien auf der einen Seite, und freiem Wissen und Forschung auf der anderen Seite. Zu viel Kontrolle und Einschränkung würde den wissenschaftlichen und technologischen Fortschritt hemmen, und die Menschheit in naher Zukunft gefährden. Weniger Kontrolle hat den gleichen negativen Effekt.

258 Das verborgene Alpha

Leider gab es im 20. Jahrhundert, Millionen von Opfern bei der militärischen Nutzung einiger neuer Technologien, sowie bei Arbeitsunfällen. In der nahen Zukunft werden es Milliarden sein aufgrund der wachsenden Bevölkerung auf der Erde und der zunehmenden Macht von Wissenschaft, Industrie und Militär. Massenvernichtungswaffen sind viel verheerender und werden sehr leicht an jeden beliebigen Punkt der Erde gebracht.

Was sollten wir tun, um die existenziellen Risiken zu reduzieren?

1. Kontrolle über Wissenschaft, Technik und Militär.

2. Hohe Investitionen in Wissenschaft, Technologie und die moderne Armee.

3. Internationale Verträge zur Regelung von Wissenschaft, Technologie und deren militärische Implikationen.

Die Maßnahmen, um die existenziellen Risiken zu reduzieren scheinen ziemlich widersprüchlich zu sein, und sie sind es auch wirklich, aber das ist der Weg zum Heil der Menschheit.

Die Besiedlung des Weltraums ist eine der wichtigsten Lösungen zur Verringerung des Risikos des Aussterbens des *Homo sapiens*.

10. KAPITEL

HOMO FUTURUS

Die Wurzeln der Gegenwart stecken tief in der Zukunft.

Warum würden Außerirdische dennoch auf die Erde einfallen? Um uns und all die anderen Tiere zu essen, um menschliche Organe als Ersatzteile zu verwenden, wegen unseres Blutes (um es zu trinken, für magische Rituale, für medizinische Zwecke), wegen unseres Goldes und der Diamanten, um aus reinem Vergnügen, die Menschen zu jagen, um den Menschen für derren spezifische Reproduktionsverfahren zu verwenden, um Menschen als sexuelle Sklaven zu verwenden, für medizinische Experimente, um den Menschen als freie Arbeiter oder als exotische Diener zu verwenden, für irgendeine Art von perversem Alien-Vergnügen, um unser Erdöl, unser Uran, unsere Metalle und Mineralien zu holen, um die Erde als exotischen Urlaubsort zu nutzen, um spezifische wertvolle Kräuter, Gewürze oder Drogen auf der Erde heranzuziehen, um uns zwangsweise in eine unerwünschte, nicht anthropische Lebensform zu veredeln...

Ich denke, dass das, was sie vor allem brauchen, unsere habitable Erde ist, so wie auch wir andere Planeten für unsere Kolonisierung des Weltraums brauchen werden.

260 Das verborgene Alpha

Alle Weltraum-Zivilisation werden nach anderen
bewohnbaren Welten suchen, um ihre Überlebenschancen zu
steigern, sowie aus geschäftlichen Gründen.

DER UNIVERSELLE MENSCH

Man könnte sich vorstellen, dass Menschen und
Außerirdische auf kolonisierten Planeten friedlich
zusammenleben könnten. Wohl kaum, denn die Weltraum-
Rassen werden sehr verschieden von einander sein: sie
atmen unterschiedliche Luft ein (tödlich für andere), tragen
unterschiedliche Mikroorganismen in ihrem Körper
(gefährlich und möglicherweise tödlich für andere), sind an
eine Umgebung mit anderen Mikroorganismen angepasst,
sind an einen anderen Atmosphärendruck und an eine
andere Gravitation gewöhnt, leben in sehr unterschiedlichen
Umgebungen, haben einen völlig anderen Stoffwechsel usw.
Die klugen Kreaturen von verschiedenen Planeten müssen
Schutzanzüge verwenden, um auf dem gleichen Planeten, der
gleichen orbitalen Raumstation oder Raumschiff zu wohnen.

Die romantische Piratenstadt Cantina des *Star Wars*
Films auf dem Planeten Tatooine, wo verschiedene
außerirdische Zivilisationen miteinander trinken, essen, und
zocken, ohne irgendwelche umgebungsmässige Anzüge, ist
nicht möglich.

Natürlich könnte jeder so eine Bar besuchen, aber sie
sollten das typische Beispiel einer hohen Maschine
verwenden, die im Volksmund als Avatar (biologisch,
semibiologisch oder elektromechanisch) bezeichnet wird,

oder sie müssen einen Schutzanzug tragen, um mit den anderen Aliens etwas zu trinken und zu plaudern.

Die kolonisierten Planeten sollten eine Terraformung erfahren und an die Bedürfnisse einer einzelnen Zivilisation oder einiger weniger, untereinander ähnlichen Weltraum-Rassen angepasst werden. Es wäre eine sehr seltene Gelegenheit für Weltraum-Rassen, einander so nahe zu sein, dass sie in der gleichen Umgebung ohne Schutzanzüge leben könnten.

Auf der anderen Seite werden die Weltraum-Zivilisationen enorme Anstrengungen zur Neugestaltung und Verbesserung ihres Körpers auf sich nehmen, so dass sie universell werden, um in Umgebungen, die anders sind als ihre Heimatplaneten, Satelliten, Raumfahrt-Konstruktionen, Raumschiffe usw. ohne Schutzanzüge zu leben. Selbst die radikalsten physikalischen und funktionalen Veränderungen des Körpers werden alltäglich werden.

DER SICH VERBESSERNDE SAPIENS

Weltraum-Rassen mit universellen, erweiterten Körpern könnten tatsächlich in der Cantina auf dem Planeten Tatooine einen Drink zu sich nehmen und plaudern, wenn ihre Körper wie leichte Schutzanzüge wären. Sie werden nicht die lokale Luft einatmen, weil sie ein eingebautes autonomes oder halb-autonomes Energiesystem haben werden, welches die Aufnahme von Sauerstoff oder anderen Gasen nicht erfordern werden, zumindest nicht für längere Zeit. Sie werden in ihrem Körper genug Energie speichern. Ihr Stoffwechsel und ihre Energieversorgung werden sich verändern.

Natürlich sind die Weltraum-Rassen zu unterschiedlich, und nur ein Teil von ihnen könnte in der gleichen Umgebung miteinander leben, auch mit einem universellen Körper. Es sollte eine Zulassungsliste am Eingang der Cantina geben. Alle anderen sollten Schutzanzüge tragen.

Die natürliche Evolution wird durch die künstliche, biotechnologische Entwicklung fast vollkommen ersetzt werden, so dass sich die Körper mit enormer Geschwindigkeit entwickeln werden, auch während der individuellen Lebenszeiten. Jeder wird das Recht und die Möglichkeit haben, Verbesserungen des Körpers vorzunehmen. Auf diese Weise werden die Geschöpfe ziemlich verschieden voneinander werden. Einige der Verbesserungen werden sich als Misserfolge herausstellen, aber viele werden die Rasse als Ganzes verbessern.

Die Gentechnik wird in der Lage sein, künstliche DNA von klugen Wesen, einschließlich des Menschen, zu erzeugen. Mit einwandfreier DNA könnten die Mütter (künstliche, biologische oder semibiologische) perfekte maßgeschneiderte Babys gebären, oder zumindest sehr nahe an der Perfektion. Die künstliche DNA wird durch „Gen-Konstrukteure" ständig verbessert werden, und nicht durch die natürliche genetische Evolution. Die Darwinsche Art der natürlichen Selektion kann nicht mit der Gentechnik mithalten. Die Menschen werden intelligente Designer von sich selbst sein. Die Menschen werden Urheber von anderen

Intelligenzen werden, auch zum Nachweis des wichtigsten Konzepts der Schöpfungslehre. Intelligenzen schaffen die ganze Zeit neue Intelligenzen, zumindest wenn sie dazu in der Lage sind. Natürlich kann die wichtigste Frage immer noch nicht beantwortet werden: Wann und wie wurde dieser endlose Prozess der Schaffung von Intelligenzen durch Intelligenzen begonnen?

Körperliche und geistige Verbesserung wird ein Muss für alle sein, um den Wettbewerb mit den anderen Weltraum-Rassen zu überleben, die sich auch mit enormer Geschwindigkeit weiterentwickeln werden.

Designer-Babys werden ganz alltäglich sein. Solche Nachkommenschaft wird eine genetische Veranlagung haben, die sorgfältig und künstlich durch Gentechnologie ausgewählt wurde, um die Anwesenheit und Abwesenheit von bestimmten Genen oder Eigenschaften zu gewährleisten, und um neue Gene hinzuzufügen, die es den Individuen ermöglichen, zusätzliche künstliche Organe oder biomechanisch- elektronische Vorrichtungen zu tragen, zum Beispiel ein eingebauter Biocomputer. Die Eltern könnten auch die DNA von mehreren Personen kombinieren, um so die gewünschten biologischen Verbesserungen für ihre Nachkommen zu erhalten.

Bis jetzt haben die Menschen das natürliche genetische Material von beiden Eltern verwendet, um Nachkommen zu erzeugen. In naher Zukunft wird die Situation völlig anders, und in vielen Fällen werden Eltern eher wie Mäzene und Patronen der Kinder sein als echte biologische Mütter und Väter.

264 Das verborgene Alpha

Es gibt eine heiße Debatte über die Ethik der menschlichen Biotechnologie oder Gentechnik. Warum nicht, in der Tat?!

Aber wir sollten uns daran erinnern, dass die Verbesserung der menschlichen Fähigkeiten, um die aktuellen Grenzen des menschlichen Körpers und den harten Wettbewerb mit anderen kosmischen Rassen und zwischen den Menschen selbst zu überwinden, aus solchen neuen Technologien ein Muss machen werden.

Der Konflikt zwischen „Bioliberalen" und „Biokonservativen" ist wie die Debatte, die vor Millionen von Jahren zwischen unseren Vorfahren tobte: „In den Bäumen bleiben und ewig glückliche Konservative zu sein" und „auf zwei Beinen rundum die Welt der Liberalen zu gehen." Die ewig glücklichen Konservativen überlebten die hoch kompetitive Evolution auf der Erde nicht. Jetzt können wir sie nur in Form von alten, mineralisierten Knochen in Kartons oder in Museen sehen. Die alten abenteuerlichen Liberalen sind immer noch quicklebendig und schießen rund um den Globus mit dem Plan, die Galaxie zu erobern.

Moderne Liberale befürworten, dass die menschliche Gesellschaft das Recht haben sollte, die körperlichen und geistigen Fähigkeiten der Individuen und ihrer Nachkommen (geboren und ungeboren) mit den aufstrebenden neuen Technologien zu verbessern. Sie behaupten, dass sie das Recht über die Disposition des eigenen Körpers haben.

Es gibt mehrere neuartige Technologien, die angewandt werden, um die Menschheit zu verbessern.

Die Neurotechnologie verwendet heutzutage Technologien zur Verbesserung und Reparation des menschlichen Gehirns und des Nervensystems, über Implantate, Pharmazeutika, Zelltherapie, eine bessere Elektroenzephalographie, um die elektrische Aktivität des Gehirns aufzuzeichnen, Computersimulation der Gehirnaktivität, die direkte magnetische und elektrische Stimulation des Gehirns, neue bildgebende Technologien wie Computertomographie, Positronen-Emissions-Tomographie und Magnetresonanz-Bildgebung. Eine direkte und verständliche Rückmeldung von dem arbeitenden Gehirn zu bekommen, wird dazu beitragen, die Leistung unseres Geistes zu verbessern, die Symptome von einigen Krankheiten zu verringern, Kontrolle über den Schmerz zu ermöglichen usw.

Bei der Cybertechnologie handelt es sich um elektromechanische Geräte, die in den menschlichen Körper implantiert werden, um die Fähigkeiten der Person zu erweitern.

Die Nanotechnologien sind mit den Biotechnologien und Cybertechnologien eng verbunden.

Bei den genetischen Technologien, die auch als Gentechnik und genetische Veränderung bezeichnet werden, geht es um die direkte Manipulation der DNA. Diese Technologie verwendet Techniken wie das Einsetzen und Entfernen von Genen in und aus der Wirts-DNA, Klonierung zur Erzeugung einer DNA-Sequenz, Synthetisieren von DNA, Einführung kleiner Mutationen über verschiedene Techniken, und so weiter.

266 Das verborgene Alpha

Der Hauptzweck der Verbesserung des Menschen ist nicht der, dass ein menschliches Individuum zum „Galaktischen Super Idol" gekrönt wird, sondern um „den Wettlauf der Weltraum-Rassen" zu gewinnen und um in dem sich ständig verändernden Universum zu überleben.

Im Laufe der Geschichte hat sich der menschliche Körper an die Umgebung angepasst. Bald könnten wir in der Lage sein, unsere Körper zu verändern und zu verbessern, länger zu leben, bessere geistige und körperliche Fähigkeiten zu haben, und bequem in Umgebungen zu leben, die ein bisschen anders als auf der Erde sind: eine andere oder gar keine Schwerkraft, ein niedrigerer oder höherer Sauerstoffgehalt in der Luft, leicht unterschiedliche atmosphärische Gase, unterschiedliche Mikroorganismen aus der Umwelt usw. Das künstliche und verstärkte natürliche Immunsystem wird die unerwünschten Keime im menschlichen Körper zerstören.

Die universellen Körper werden sich im Laufe der Jahrhunderte verändern und entwickeln. Die Weltraum-Zivilisationen werden verschiedene Ansätze finden, wie sie ihre Körper zu verbessern haben. Sie werden voneinander lernen.

Der menschliche Körper wird schwerer und größer. Sie könnten Energie aus dem Luftsauerstoff und dem Essen erhalten, aber sie werden auch zusätzliche, eingebaute Energiequellen bis zu Leistungselektronik haben, sowie ein verbessertes Skelett und Muskeln, und ein Exoskelett, falls erforderlich.

In der nahen Zukunft wird es zwei Hauptmöglichkeiten geben für einen, in den Körper eingebauten Computer: ein Biocomputer, der innerhalb des Körpers wächst bei Menschen, Außerirdischen, oder Tieren, oder eine implantierte elektronische Computervorrichtung. In beiden Fällen sollte es Funkkommunikation mit dem Internet geben, über Wi-Fi oder Bluetooth, oder durch ähnliche Systeme der nahen Zukunft. Die Computer könnten in zwei Versionen erhältlich sein. Erste Version: Die Computer werden sich nur innerhalb des Körpers befinden. Zweite Version: ein Teil des Computers wird sich innerhalb des Körpers befinden, während sich der andere Teil außerhalb des Körpers befinden wird. Die eingebaute Vorrichtung könnte biologisch, semibiologisch, oder elektromechanisch sein, während der Teil, der sich auf dem Körper befindet, ein Wearcomp sein könnte.

Solch ein eingebauter Computer wird Teil unseres menschlichen Selbst werden, und die Leute würden es als I-Comp (Ich-Computer) empfinden.

Der I-Comp wird die virtuelle erweiterte Realität beschaffen.

Die Nanosonden, die den menschlichen Körper bewohnen, werden alle biologischen und kybernetischen Systeme aufrecht erhalten, Schäden reparieren, und vor virulenten Mikroorganismen schützen.

Die Menschen sollten ein leistungsfähiges, künstliches Immunsystem schaffen, um das natürliche Immunsystem zu unterstützen, aber es wird auch zusätzliche

Funktionen haben, wie das Entfernen von schlecht funktionierenden, außerirdischen, feindlichen, oder unerwünschten Nanosonden. Eine weitere mögliche Anwendung des künstlichen Immunsystems ist die Erkennung von toxikologischen Chemikalien, die Entgiftung und deren Entfernung aus dem Körper.

Die Nanobots im Körper könnten kleine Operationen ausführen. Sie könnten auch maßgebliche Medikamente und Impfstoffe aus körpereigenen Materialien synthetisieren.

Knochenbrüche könnten innerhalb weniger Minuten von den Nanobots repariert werden, und der gebrochene Knochen wäre sofort wieder einsatzfähig. Es wird keine Herzinfarkte, keine Hirnblutungen geben.

Die Nanobots könnten sogar Alkohol im menschlichen Körper produzieren, so könnte man sich betrinken, ohne alkoholische Getränke zu konsumieren - was sich in vielen Fällen als sehr praktisch erweisen könnte, aber manchmal auch als dumm.

Die Bots könnten auch Zusätze zur Verstärkung der Lust synthetisieren.

Wir werden unseren Stoffwechsel künstlich steuern, um unsere Gesundheit und unsere körperliche und geistige Leistungsfähigkeit zu verbessern.

Menschen verwenden moderne Implantate und Prothetik zur Wiederherstellung und Erhaltung der Gesundheit, und damit zur Verbesserung der menschlichen Fähigkeiten. Es wird auch inkorporierte Waffen geben.

Prothetik ist der Zweig der Chirurgie, der sich mit dem Ersatz von fehlenden Gliedmaßen oder Organen mit künstlichen Ersatzstoffen befasst.

Ein Implantat ist etwas, das in den menschlichen Körper implantiert wurde, vor allem chirurgisch, beispielsweise ein Schrittmacher, Herzklappen, ein Computer-Interface-Chip, und viele andere.

Biologisch gesehen ist der Mensch ein sprechendes, handliches, natürliches Tier mit etwas rudimentärem Wissen über die Welt. Aber jetzt gehen wir in die nächste Phase über: *Homo implanticus*. Männer und Frauen implantieren bereits Prothesen, die dauerhaft im Körper platziert werden: künstliche Herzen, Gelenke, Herzschrittmacher, Insulinpumpen, Brüste, Zähne, Augenlinsen, Cochlea-Implantate, Netzhaut, Herzklappen, und viele andere, da deren Anzahl und Funktionalität zunehmen. In naher Zukunft werden die Menschen Wearcomps, Nanobots, Drogen-liefernde Vorrichtungen, und so weiter implantieren, und damit den Cyborgs näher kommen, die Kurzform für „kybernetischen Organismus." Menschen werden sowohl biologische und künstliche (elektronische, mechanische und biologische) Verbesserungen erfahren.

Der *Homo implanticus* wird zum *Homo cyberneticus.*

Die künstlichen Organe, die natürlichen Ersatzorgane, die bioelektronischen Vorrichtungen usw., könnten im Inneren des Körpers in fast jeder Phase der individuellen Entwicklung des Menschen gezüchtet werden, aber die Menschen werden die meisten von diesen in der frühen Kindheit erhalten.

Lee Sweeney an der Universität von Pennsylvania verwendete die Gentransfer-Technologie, um verschiedene super-athletische Labormäuse zu entwickeln, eine „besser-als-Schwarzenegger-Maus." Er ist dabei Therapien zu entwickeln, die den altersbedingten Muskelrückgang aufhalten könnten. In seinem Labor erzeugte Sweeney Mäuse, die bis ins hohe Alter ihre enormen Muskeln und erhebliche Stärke beibehalten.

Bald werden wir im Leistungssport und beim Militär genetische Behandlungen haben, um Stärke, Ausdauer, Sehvermögen usw. zu erhöhen. Einige Experten behaupten sogar, dass solche Behandlungen bereits verwendet werden, in den meisten Fällen jedoch heimlich.

Das Olympische Komitee wird die schwierige Aufgabe haben, Sportler mit gentechnisch verbesserten Muskeln, stärkeren Herzen, Blut mit mehr Sauerstoff, modifizierten Knochen, größerer Lunge, stärkerem Höhenwuchs, längeren Händen, einem modifizierten Stoffwechsel und so weiter, zuzulassen oder abzulehnen.

Der Ausschuss könnte sich entscheiden, dass es zwei Arten von Olympischen Spielen geben sollte: für normale Menschen und für „Mutanten", das sind genetisch verbesserte Sportler. Wenn das Olympische Komitee die verbesserten Sportler ablehnt, werden die Spiele der Besten entstehen. Die Olympischen Spiele werden für die

Schwachen und überholt sein, und die Olympischen Spiele werden wieder einmal Geschichte sein.

Nach Angaben der Welt-Anti-Doping-Agentur, ist Gendoping „die nicht-therapeutische Anwendung von Zellen, Genen, genetischen Elementen oder die Modulation der Genexpression, welche die Fähigkeit haben, die sportliche Leistungsfähigkeit zu verbessern."

Es ist für die Welt-Anti-Doping-Agentur sehr schwierig zu bestimmen, welche Anomalien der Beweis für Gendoping sind, und welche einfach nur natürlich sind, aber dennoch ungewöhnliche, biologische Eigenschaften.

Zum Beispiel hatte der finnische Skifahrer Eero Mäntyranta eine Mutation, die sich so verhielt, dass sein Körper ungewöhnlich große Mengen an roten Blutkörperchen produzierte. Die Agentur würde sich schwer tun, zu bestimmen, ob die Anzahl der roten Blutkörperchen oder andere vorteilhafte Mutationen, auf einen angeborenen genetischen Vorteil oder einen künstlichen zurückzuführen sind, und zu entscheiden, wie man mit solchen Sportlern vorgehen sollte, da es es keine genetische Norm oder Standard gibt.

Die genetisch veränderten und verbesserten Menschen werden zur Super-Elite.

Normale Menschen können nicht ebenbürtig sein mit den erweiterten Personen, die klüger, gesünder und reicher sein werden. Sie werden viel länger leben und während ihres viel längeren Lebens enorme finanzielle, politische und gesellschaftliche Macht ansammeln. Ihre Zahl wird dramatisch zunehmen, und sie werden dann die normalen Menschen sein. Die nicht verbesserten, natürlichen Menschen werden eine unbedeutende Minderheit werden und sie scheinen nur irgendeine Art von Freaks, unterentwickelte Proto-Menschen, frühere Versionen von *Homo sapiens* zu sein.

Bald werden Verbesserungen die Norm sein.

Die nicht verbesserten Menschen werden nicht so leicht aufgeben. Sie werden die erweiterten „Freaks" in vielerlei Hinsicht bekämpfen, aber das Ergebnis ist klar. Die verbesserten Menschen werden die normalen sein. Die natürlichen Individuen werden verschwinden wie einst die Neanderthaler.

Genetische Veränderungen und Augmentation werden den Einzelpersonen und Zivilisationen enorme Wettbewerbsvorteile verschaffen. Springen Sie auf den Zug der Verbesserung oder Sie sind buchstäblich ein Verlierer. Seit den Anfängen des Lebens und der Intelligenz auf der Erde hat es genetische Verlierer gegeben, die immerfort geboren wurden.

Alle kosmische Zivilisationen sind mit existenziellen Risiken und dem harten Wettbewerb konfrontiert. Raten Sie, wer überleben wird? Die natürlichen, unterentwickelten Kulturen und Individuen, oder die intelligentesten, erfahrensten und länger Lebenden?

Im posthumanen Zeitalter werden die zukünftigen Viecher so andersartig sein, wie wir im Vergleich zu den Lemuren-ähnlichen Kreaturen, von denen wir stammen. Die hoch entwickelten außerirdischen Zivilisationen werden demselben Muster folgen.

Dies ist ein sehr kurzer Überblick über einige mögliche Veränderungen der Menschen in der nahen Zukunft.

Können wir die Entwicklung der menschlichen Rasse nach der nahen Zukunft vorhersagen? Wir haben nicht die geringste Ahnung, wie die Sapiens auf der Erde und auf anderen Planeten aussehen werden. Niemand, der auf diesem Planeten lebt, weiß es. Ab einem bestimmten Punkt wissen wir nicht, wie Wissenschaft, Technik und der Mensch der Zukunft sich entwickeln werden.

Die Körper der klugen Kreaturen werden sich jenseits unseres aktuellen Verständnisses entwickeln.

Man stößt auf eine Prognosen-Wand. Dies ist ein Horizont der intellektuellen Ereignisse und des Wissens, jenseits dessen der Mensch von heute nichts vorhersagen und verstehen kann.

SAPIENS VERBESSERN SAPIENS UND ANDERE TIERE

Progressoren, ein Begriff, der von Boris und Arkady Strugatsky geprägt wurde, sind Individuen hoch entwickelter Zivilisationen, die den Fortschritt der weniger entwickelten kosmischen Rassen unterstützen. Progressoren arbeiten heimlich und führen in den untergeordneten Gesellschaften neue wissenschaftliche Ideen ein, sowie neue Technologien (dies könnte auch dazu verwendet werden, um einen besseren Wodka herzustellen), neue Philosophien, neue soziale Modelle, neue Impulse, um die Kunst zu fördern usw. Darüber hinaus üben sie auch eine geringfügige Kontrolle aus über die historische Entwicklung der von ihnen verwalteten Zivilisation.

Die Uplift-Befürworter sind drastischer. Sie beabsichtigen, genetische Modifikationen der niedrigeren Arten sowie eine totale Herrschaft, damit diese so intelligent wie möglich werden.

Die oberste Star Trek Direktive befürwortet die entgegengesetzte Strategie gegenüber den weniger entwickelten sapient Arten - kein Eingriff in die Entwicklung der Weltraum-Zivilisationen.

Ein Wetware-Computer ist ein, aus lebenden Neuronen aufgebauter, organischer Computer. Er ist ein künstliches, organisches Gehirn, und wird auch als Neurocomputer bezeichnet.

Der Biocomp könnte auch aus organischen und elektronischen Materialien bestehen, die zusammengeführt werden zu Bioelektronik, und sich im Körper, entsprechend den Anweisungen der DNA, entwickeln könnte. Die Pläne für den Biocomp werden in die DNA des ungeborenen Geschöpfs eingefügt. Der Biocomp ist eng verbunden mit dem Gehirn, dem Nervensystem, den Nanobots, dem künstlichen Immunsystem, den Sensoren im Inneren des Körpers usw. Er könnte auch chirurgisch implantiert werden.

Der Biocomp ist auch mit dem Netzwerk verbunden.

Die Menschen könnten Tiere durch Gentechnik und Züchtung oder durch die Implantation von Biocomps veredeln.

Wir könnten sprechende Tiere erhalten durch Veränderungen ihres Kehlkopfs, genetisch oder durch ein Implantat (gemeinhin als Voice-Box bezeichnet).

Die veredelten Tiere könnten für uns und mit uns arbeiten. Gentechnisch veränderte Tiere könnten als Hilfe im Haushalt verwendet werden, zur Pflege von alten Menschen, als Begleiter von einsamen Menschen usw. zusammen mit den hohen Maschinen.

Die Tiere mit einem Biocomp könnten sprechen, aber sie könnten auch untereinander oder mit den Menschen Informationen in Form von Bildern, einfachen Texten usw. über das Netzwerk austauschen. Über das Netzwerk könnten wir sie beobachten und kontrollieren.

In dem Film von *2001: Weltraumodysee,* sind die Menschen veredelte, qualifizierte Affen. Eigentlich sind Affen nicht die Vorfahren der Menschen. Der populäre Fehler stammt aus Darwins Werken und setzt sich auch heute noch fort.

Veredelung, Gentechnik und eugenische Projekte, um Menschen und außerirdische Rassen zu züchten, sind beliebte Science Fiction Themen.

Veredelte Kreaturen und Kreaturen mit Biocomp hätten über deren Matrizen direkten Zugriff auf das Netzwerk. Die Menschen könnten auch Zugang haben zu den Matrizen und dem Bewusstsein der erhobenen Kreaturen, und und sie könnten diese kontrollieren durch Einbettung von Bildsprache, Audio, Gedanken, Texten, Ideen, Mythen, Emotionen usw.

Durch die Matrix und den Biocomp könnten wir sehen, hören und fühlen, was die Tiere tasten, fühlen und denken.

Durch die fähigsten erhoben Tiere, deren Führer, Wissenschaftler, Schriftsteller, Künstler und so weiter, könnten wir eine sich schnell entwickelnde Gesellschaft unter unserer Kontrolle schaffen.

Auf diese Weise könnten wir, die Menschen, sehr leicht neue wissenschaftliche und politische Ideen, Philosophie, soziales Verhalten usw. einführen.

Die Patrone könnten Bilder, Klänge, Emotionen (religiöse, persönliche und soziale), Götter, Stimmen, Nachrichten von den klugen Aliens aus dem lila Planeten, mythologische Kreaturen, UFOs und alle Art von Phänomenen direkt in ihre Köpfe projizieren. Klingt vertraut, nicht wahr?

Auf diese Weise könnten wir, die Menschen, Veredler sein, nicht nur veredelte. Wir könnten auch Meister sein, nicht nur Subjekte (unter der Macht und Autorität einer höheren Zivilisation).

Die Menschen könnten in der Zukunft auch Kreaturen auf anderen Planeten veredeln, nicht nur die Tiere auf der Erde.

Wir könnten sie auch in ein, vom Menschen angefertigtes Sonnensystem bringen, während der Rest des Universums eine Simulation sein wird. In diesem Stadium ihrer Entwicklung ist ein Sonnensystem mehr als genug, weil sie nicht über die Technologie verfügen, um außerhalb des lokalen Systems zu reisen, und sie können auch nicht beweisen, dass ihr Universum nicht real ist.

Die Menschen sehen genau so aus wie eine veredelte und kontrollierte Herde von in einer Gesellschaft organisierten Tieren, die von einem Patron betreut werden.

Die moderne Wissenschaft ist noch rudimentär und kann eine derartige Möglichkeit weder bestätigen noch ablehnen.

Wir wissen immer noch nicht, was das Ergebnis von einem reinen Zufall ist, und was voraus programmiert ist, oder was wir ändern oder nicht ändern können.

Die Wissenschaftler können auch andere große Fragen nicht beantworten. Leben wir in einem Designer-Universum? Unterliegen wir der Designer-Evolution? Sind wir eine Designer-Zivilisation?

278 Das verborgene Alpha

NACHWORT

WISSENSCHAFTLER SPIELEN MIT KIESELN AM SEEUFER

Vor Jahren befand sich unter meinen Urlaubsbüchern *Erinnerungen, Träume, Gedanken* von Carl Jung.

Beim Lesen seiner Arbeit, in diesem Sommer am Schwarzen Meer, hatte ich ständig das Gefühl, dass der Autor aus irgendeinem Grund etwas verbarg. Carl Jung segelte auf der Oberfläche des schönen Sees, aber er tauchte niemals in das Gewässer ein, so dass der Leser nicht sehen konnte, was darunter lag.

Was verbarg er vor den Lesern?

Septem Sermones ad Mortuos (Sieben Predigten an die Toten) wurde als Anhang aufgenommen in *Erinnerungen, Träume, Gedanken*. Er endete mit einem Anagramm.

Anagramm:
NAHTRIHECCUNDE
GAHINNEVERAHTUNIN
ZEHGESSURKLACH
ZUNNUS

280 Das verborgene Alpha

Dann dachte ich: „Aha, Carl Gustav Jung hat den Schlüssel zu seiner großen Entdeckung in diesem chiffrierten Text verborgen."

Bis zu diesem Sommer gab es keine Lösung für das Anagramm, und auch kein Internet.

Ich studierte in einer deutschsprachigen Oberschule und wir mussten uns, in deutscher Sprache, mit so schwer zu begreifenden Autoren wie Johann Wolfgang von Goethe befassen. Ich war von dem Protagonisten Faust fasziniert. Im Laufe der Jahre wurden mein Deutsch und der Faust in dem Sand der Vergangenheit begraben, aber ein paar Zeilen am Anfang der Tragödie sind immer noch lebendig und schwirren in meinem Kopf herum.

Faust:

Habe nun, ach! Philosophie,

Juristerei und Medizin,

Und leider auch Theologie

Durchaus studiert, mit heißem Bemühn.

Da steh' ich nun, ich armer Tor,

Und bin so klug als wie zuvor!

Heiße Magister, heiße Doktor gar,

Und ziehe schon an die zehen Jahr'

Herauf, herab und quer und krumm

Meine Schüler an der Nase herum -

Und sehe, daß wir nichts wissen können!

Das will mir schier das Herz verbrennen.

Zwar bin ich gescheiter als all die Laffen,

Doktoren, Magister, Schreiber und Pfaffen;
Mich plagen keine Skrupel noch Zweifel,
Fürchte mich weder vor Hölle noch Teufel.

In der Oberschule, wurde uns gelehrt, dass die
Wissenschaft das mächtigste Instrument für das Verständnis
und die Offenbarung der Natur ist. Es gab keinen
Religionsunterricht und nicht einmal einen Hauch von
etwas, das anders wäre als die Wissenschaft. Daher war ich
überrascht, dass, als Faust, in seinen geistigen
Beschäftigungen, gegen eine Wand lief, er sich dem
Verborgenen zukehrte, um eine Lösung zu finden, indem er
einen Vertrag mit dem Teufel unterzeichnete, für mehr
Wissen und magische Kräfte. Dann dachte ich, das war, weil
zu der Zeit Goethes und viele Jahrhunderte vor seinem
Gedicht (ähnliche Legenden waren seit Tausenden von
Jahren in vielen Formen im Umlauf), die Wissenschaft noch
sehr primitiv war, aber jetzt haben wir eine moderne
Wissenschaft und wirksame Instrumente, so dass wir nicht
wieder gegen dieselbe Wand laufen, und die gleichen
Reaktionen wie Faust an den Tag legen können. Der
Gymnasiast wollte mehr über den eigenartigen Vertrag mit
dem Teufel wissen, und warum Faust scheiterte, auch nach
der ultimativen Hilfe des Teufels selbst, der sich unter den
Räten des Allmächtigen befand und die gleiche Macht besaß,
wie die Götter. Es schien mir sehr unrealistisch, dass Faust
scheitern sollte, hatte er doch solch mächtige Verbündete.

282 Das verborgene Alpha

Überraschend für mich, stieß auch der Wissenschaftler Carl Jung auf eine ähnlich missliche Lage wie Faust, aber er hatte einen geheimen Schlüssel, zu einigen wichtigen Erkenntnissen. Er hatte die Auflösung, und ich wollte wissen, was Jungs versteckte Entdeckung war. Dann erinnerte ich mich daran, dass nach Jahren des Studiums und der Forschung, eine seiner zentralen Ideen war, dass Wissenschaftler schließlich in ihre Kindheit zurückkehren und mit Kieselsteinen am Ufer des Sees spielen.

Viele Jahre nach meiner Sommerlektüre von *Erinnerungen, Träume, Gedanke,* beschloss ich, den Teil, des am Seeufer spielenden Kindes zu überdenken. Vielleicht würde ich jetzt in der Lage sein, mehr zu verstehen.

C. G. Jung schrieb:

„Die Träume beeindruckten mich, konnten mir aber über das Gefühl der Desorientiertheit nicht hinweghelfen. Im Gegenteil, ich lebte wie unter einem inneren Druck......Zweimal ging ich darum mein ganzes Leben mit allen Einzelheiten durch, insbesondere die Kindheitserinnerungen; denn ich dachte, es läge vielleicht etwas in meiner Vergangenheit, das als Ursache der Störung in Betracht kommen könnte. Aber die Rückschau war ergebnislos, und ich mußte mir meine Unwissenheit eingestehen. Da sagte ich mir: «Ich weiß so gar nichts, daß ich jetzt einfach das tue, was mir einfällt.» Damit überließ ich mich bewußt den Impulsen des Unbewußten.

...So machte ich mich daran, passende Steine zu sammeln, teils am Ufer des Sees, teils im Wasser, und dann

begann ich zu bauen: Häuschen, ein Schloß - ein ganzes
Dorf."

Seit Jahren habe ich versucht, bestimmte, der
vermeintlich bedeutendsten Erinnerungen aus meiner
frühen Kindheit abzurufen, aber ich konnte sie nicht
zurückrufen. Ich hatte das ständige Gefühl, dass diese
schwer fassbaren, spezifischen Erinnerungen eine
verwandelnde Kraft haben würden, und sie würden mein
Verständnis von der Natur und die Funktionsweise der Welt
klarstellen.

Dann wurde mir plötzlich klar, dass der Druck, eine
nicht vorhandene Kindheitserinnerung ins Gedächtnis
zurück zurufen, eigentlich ein Zwang aus dem Unbewussten
war, um in dessen Reich einzugehen. Der gleiche Trick
wurde bei mir, wie auch bei Jung verwendet.

Carl Jung verbarg nichts. Er konnte einfach nicht
heraus, aus dem Unbewussten. Er war ein Opfer seiner
großen Entdeckung, das kollektive Unbewusste.

Und Jung wusste, dass er ein Gefangener war. Er
versuchte sogar, einen Ausstieg zu finden, wobei aber immer
noch dort blieb, wo er war, indem er zur Individuation
anregte - ein Prozess, bei dem die Ganzheit des Individuums
durch die Integration von Bewusstsein und dem kollektiven
Unbewussten gebildet wird. Aber es ist wie eine Flucht aus
dem kollektiven Unbewussten, ohne dieses zu verlassen.

Für Carl Jung, Goethe, Mystiker, Zauberer,
Okkultisten, und dergleichen, war das die richtige Lösung.

Sie war praktisch und erbrachte ihnen einige Vorteile. Ich wäre einverstanden mit den Vorteilen und mit der Suche nach innerem Frieden, aber für mich blieb dies ein Trick des Barons von Münchhausen. Es war nicht der Weg um aus dem die Menschen unterstützenden Reich des kollektiven und individuellen Unbewussten herauszukommen.

Viele Gelehrte haben verstanden, dass sie nach Jahren des Lernens und Forschens nicht in der Lage sind, das Wesen der Natur und sich selbst zu begreifen, und sie haben keine Kontrolle über ihr Leben. Sie haben sich verloren und verraten gefühlt. Sie konnten nur mit Kieseln am Meeresufer spielen.

An diesem Punkt wendet sich der Mensch meistens der Religion, dem Okkultismus, dem Paranormalen zu... Sie erwähnen es, die Offenbarungen des kollektiven Unbewussten haben viele Namen und Gesichter, aber nach Jahren der wissenschaftlichen Forschung und der persönlichen Erfahrung mit einem bevorzugten oder aufgezwungenen System der Offenbarungen, stoßen die Gelehrten erneut gegen eine Wand der Ignoranz, der Lügen, Märchen, Mythen, Tricks, Witze und Ironie (vom Unbewussten großzügig angeliefert). Aber sie genießen auch einige Vorteile (meist eine bessere Gesundheit, inneren Frieden, Leitlinien für das Gute und das Böse, hilfreiche Ratschläge von unbekannten Quellen, oft als Götter, ETs, mythologische Kreaturen, tote Verwandte usw. verkörpert), aber der Mensch bekommt nie, was er sucht - das wahre Bild

der Natur und einen freien Willen. Die persönliche
Geschichte endet zwangsläufig hier.

In *Dimensionen. Begegnungen mit Außerirdischen
von unserem eigenen Planeten*, kam Jacques Vallee zu dem
gleichen alten Fazit:

„Ich vermute, dass es ein spirituelles Leitsystem für
das menschliche Bewusstsein gibt, und dass paranormale
Erscheinungen wie Ufos eine Erscheinungsform davon sind.
Ich kann nicht sagen, ob diese Kontrolle natürlich oder
spontan ist, ob sie erklärbar ist, im Hinblick auf die Genetik,
die Sozialpsychologie oder auf gewöhnliche Phänomene,
oder, wenn es sich um eine künstliche Natur handelt, sie sich
unter der Macht eines übermenschlichen Willens befindet.”

Die östlichen Traditionen haben ähnliche Ideen.

„Bevor der Mensch Zen studiert, sind Berge für ihn
Berge und Gewässer sind für ihn Gewässer. Nachdem er
einen Einblick bekommen hat, in die Wahrheit des Zen und
er gründlichere Kenntnisse erworben hat, sind Berge, für ihn
keine Berge mehr und Gewässer keine Gewässer. Aber
sobald die Transformation beendet ist, sind Berge für ihn
wieder Berge und Gewässer sind für ihn wieder Wasser“,
Abhandlungen über Zen-Buddhismus.

Ich möchte hinzufügen, wenn der Mensch wirklich
zur unmöglichen Freiheit von der Bevormundung
Unbewussten gelangen könnte, und einen Blick auf die
Dinge unserer Welt werfen würde, würde der Mensch sehen,
dass es überhaupt keine Berge und keine Gewässer gibt. Es

gibt nichts, aber auch rein gar nichts. Eine Illusion, ein schmerzhafter Phantom- Spielplatz für die sich entwickelnde Komplexität. Menschen sind nur vergängliche Formen, die zu unbekannten und unverständlichen Formen des Seins führen.

EXIT

Ein Protagonist aus *Erzählungen eines Unbekannten* von Anton Chekhov lässt verlauten:

"...Ich glaube, es wird einfacher sein für die nächsten Generationen, und sie werden klarer sehen, unsere Erfahrungen werden in ihrem Dienst sein. Aber wir möchten abseits von den künftigen Generationen leben, und nicht nur für sie. Das Leben ist einmalig und wir wollen es fröhlich, sinnvoll, schön leben. Wir wollen eine führende, unabhängige und noble Rolle spielen, wir wollen eine Geschichte machen, so dass unsere Nachkommen zu keinem von uns sagen können, dass wir für nichts gut waren oder sogar noch schlimmer... Ich glaube, an den Zweck und die Notwendigkeit von allem, was um uns herum geschieht, aber was kümmert mich diese Notwendigkeit, warum sollte mein ‚Ich' verschwendet werden."

Warum, in der Tat? Können wir freie und unabhängige Wesen werden?

Der letzte Abschnitt von Jacques Vallees
*Dimensionen. Begegnungen mit Außerirdischen von
unserem eigenen Planeten* erklärt:

„Es ist ein seltsames Verlangen in meinem Kopf: Ich
würde gerne damit aufhören mich zu benehmen, als wäre ich
eine an den Hebeln drückende Ratte, selbst wenn ich auf den
Käse verzichten müsste, und für eine Weile hungrig wäre.
Ich würde gerne aus dem konditionierenden Labyrinth
herausgehen und sehen, wie es funktioniert. Ich frage mich,
was ich vorfinden würde. Vielleicht eine schreckliche,
übermenschliche Monstrosität, die bloße Betrachtung
dessen, was eine Person verrückt machen würde? Vielleicht
eine feierliche Versammlung von Weisen? Oder eine
unerträgliche Einfachheit eines unbeaufsichtigten
Uhrwerks?"

In dem Roman *Eine Milliarde Jahre vor dem
Weltuntergang* von Arkady und Boris Strugatsky, beginnt
eine geheimnisvolle Kraft auf eine sehr heftige Art und Weise
die Forschung einer Gruppe von Wissenschaftlern zu
behindern. Einer von ihnen wurde sogar ermordet, und einer
nach dem anderen bricht schließlich seine bahnbrechenden
Studien ab. Vecherovsky, einer der Wissenschaftler unter
Druck, möchte von Moskau in das Pamir-Gebirge in
Zentralasien entkommen, um weiterhin an seiner Forschung
zu arbeiten.

Aber konnte er das tun?

288 Das verborgene Alpha

...die linke Hand dominiert noch immer, die rechte Hand ist schwach, auch wenn sie an Stärke gewinnt...

An einem gewissen Punkt in ihren persönlichen Beschäftigungen, oft während der Einnahme von ein paar Schoppen, beginnen Wissenschaftler zu verstehen, dass die Menschen von dem Unbewussten gesteuert werden, und sie bekommen eine Vorstellung davon, wie dies geschieht. Für eine kurze Zeit fühlen sie sich befreit und Teil einer Art Elite, geschmeichelt, unter den Auserwählten zu sein, aber dann fühlen sie sich gedemütigt und als Leidtragende. Manche versuchen zu entkommen, aber schließlich verstehen viele von ihnen, dass es kein Entkommen gibt. Der Rest wird getäuscht, in vielen Fällen äußerst bereitwillig.

Das Gefühl von Freiheit, das einige Individuen erfahren, ist eine, aus dem Unbewussten ausstrahlende Täuschung.

Eine der tragischen Entdeckungen der Wissenschaftler ist, dass man nicht aus dem allgegenwärtigen, allmächtigen System entkommen kann, so wie es kein Entrinnen gibt vor dem Tod.

Carl Jung hatte recht. Es gibt kein Entkommen, keine Hoffnung, nur dunkle, tragische, ruinierte, oder transformierte Personen.

Jung war einer der großen Ritter des kollektiven Unbewussten und der menschlichen Vergangenheit. Er spazierte im alten, dunklen Wald herum und fand nie sein Pferd, um die Welt aus einer höheren Perspektive zu sehen und um auf die Burg in den Bergen zu reiten, um sein eigenes Bild als Ritter zu Pferd im Spiegelbild der Gewässer des Schwarzen Sees zu sehen. Für ihn war es genug zu wissen, dass „der Mensch hier ist, und Gott dort. Schwäche und Bedeutungslosigkeit sind hier, ewige schöpferische Kraft dort."

Jacques Vallee, Carl Jung, Goethe, und andere dieser Art, sind Gefangene und Lehrlinge des kollektiven Unbewussten, das von einer unbekannten Instanz gelenkt wird, welches viele Gelehrte als das Kontrollsystem oder das externe System bezeichnen.

Aber...

Es gibt immer ein „aber", aber wenn es jetzt die Menschheit irgendwie schafft, sich von dem System zu trennen, dann würden die Menschen die intellektuelle Kapazität eines 8-Jährigen haben (mehr oder weniger). Es ist noch immer unmöglich, sich eine Zivilisation außerhalb des Rahmens des kollektiven Unbewussten, also des Kontrollsystems, vorzustellen und zu entwickeln.

Also, fürs Erste sind weder Jacques Vallee, Vecherovsky, Faust, noch alle fiktiven und realen Gelehrten in der Lage, das Experiment unabhängig zu sein vom Kontrollsystem, erfolgreich durchzuführen.

Hier kommt nun ein vermeintliches Zitat von Adolf Hitler, „Ich sah den neuen Menschen, furchtlos und grausam. Ich erschrak vor ihm." Die neue Generation der das Universum durchstreifenden Zivilisationen, die verzweifelt nach Erlösung suchen, wird Milliarden von Menschen und Abermillionen von Außerirdischen kaputtschlagen. Die

Menschen werden das Gleiche tun. Vielleicht hat Hitler diesen Satz niemals ausgesprochen, aber er spiegelt das brutale Bild der Zukunft, die auf uns zukommt, wider. Die Menschen sollten auf solch eine harte Zukunft vorbereitet sein. Die meisten Menschen erwarten, dass die Zukunft eine Art technologisches Paradies sei, mit ewigen, glücklichen Menschen. Aber die Menschen wurden nicht geschaffen, um glücklich zu sein und so lange zu leben, wie sie wünschen, sondern eher, um sich so schnell wie möglich zu entwickeln und dann recycelt zu werden.

Gibt es einen Fluchtweg? Vielleicht sollten sich die Geschöpfe so tiefgreifend entwickeln, um sich erfolgreich dem Kontrollsystem zu entziehen, und das Kindergarten-Universum zu verlassen oder die Kontrolle darüber zu übernehmen.

Mit seiner großen Entdeckung des kollektiven Unbewussten legte Carl Jung einen Trittstein auf dem wir gehen und ein etwas größeres Bild des Gartens sehen können.

Wir können die Quelle dieses kollektiven Unbewussten, in dem der gesamte menschliche Verstand verstrickt ist, nur erahnen.

Vielleicht ist dieses Buch ein weiterer Trittstein, und wenn wir darauf treten, könnten wir, ein etwas umfassenderes Bild der Natur sehen. Von dem gleichen Trittstein aus, werden einige Gelehrte, natürlich, eine Perspektive sehen, die ich nicht beobachten kann oder nicht erwähnt habe.

Aus dem primitiven Reich des Unbewussten herauszukommen, ist der wichtigste Schritt auf unserem Weg zum *Homo sapiens sapiens*.

Homo sapiens sapiens ist nur ein Begriff, der uns die Richtung unserer Evolution anzeigt. Wir sind immer noch Tiere, die vor kurzem irgendwo in Afrika entstanden sind. Wir sind gekennzeichnet als *Homo sapiens sapiens,* um zu wissen, wohin wir gehen. Die entfernten künftigen Generationen werden die noch immer unbekannte Iteration des Menschen bestimmen und benennen.

Homo sapiens sapiens ist der Weg, auf dem wir marschieren. Er sieht für viele Menschen eher wie die Via Dolorosa aus.

Die Menschen werden sich von ihrem tierischen Verstand nur dann befreien, wenn sie sich von der magischen Welt des Unbewussten befreien.

So wird der Kreis geschlossen. Meine Reise, die Welt zu verstehen endete dort, wo sie begonnen hatte: mit der Natur des Menschen.

Der Mensch ist ein Spiegelbild einer viel größeren und älteren Welt, als unser Universum.

Das große Ziel aller sich entwickelnden Zivilisationen in unserem Universum wird darin liegen, sich weit genug zu entwickeln, um sich von dem Patronen zu befreien. Die Menschheit und unsere gleichrangigen Weltraumbrüder und Konkurrenten befinden sich noch im

Kindergarten mit, durch die Meister der Institution, sorgfältig ausgewählten und angepassten Märchen.

Das individuelle und kollektive Unbewusste ist die Schnittstelle zwischen der führenden Instanz und den Menschen.

Es wird Tausende von Jahren dauern, bis die Wissenschaftler das Kontrollsystem verstehen.

MAGNUM OPUS

> *Die Welt hat ohne den Menschen begonnen, und sie wird ohne ihn enden.*
> —Claude Lévi-Strauss

Der Vektor hat die ultimative Macht über das Universum und wird das ultimative Ziel der Zivilisationen und der Individuen werden. Derjenige, der den Vektor erfassen kann, wird zu Magnus werden, der Große, mit fast unbegrenzter Macht (fast, wegen der Kontrolle der Mega-Zivilisationen).

Um Magnus zu werden, wird man enorme wissenschaftliche und technologische Macht benötigen, um zum Vektor zu gelangen und um eine gewisse Kontrolle über ihn auszuüben.

Der Big Bang und die Inflationsmodelle sind zwei sehr unterschiedliche Ansätze über den Anfang unseres Universums.

Der Big Bang funktioniert nur für den Zeitraum nach dem Urknall gut. Nun blasen viele Wissenschaftler die Universen auf, anstatt sie knallen zu lassen.

Im Einklang mit dem explosiven Beginn der Urknall-Theorie, sprang unser Universum ins Dasein als „Singularität" - die Materie wird zu unendlicher Dichte zerquetscht, das gesamte Universum war ein einziger Punkt. Oh, heiliger Knall, dieser einzige Punkt muss unrealistisch riesig sein! Vor dieser Singularität hat überhaupt nichts existiert, kein Raum, keine Zeit, keine Materie, keine Intelligenz, keine Informationen, keine Energie, nichts, nada! Das ist, was zumindest die Urknallbefürworter sagen.

Das Inflationsmodell für entstehende Universen besagt, dass ein ewiges, oszillierendes Skalarfeld in einem falschen Vakuum Energie verliert, diese in der Form von Elementarteilchen abgibt, die dann die anfängliche Materie des zukünftigen Universums bilden.

Das frühe Universum kam durch das Stadium der Inflation, eine exponentiell schnelle Expansion in einer Art von instabilem, Vakuum-ähnlichem Zustand mit einer großen Energiedichte, aber ohne Materie in irgendeiner Form. Der Vakuum-ähnliche Zustand in der inflationären Theorie wird üblicherweise mit einem Skalarfeld assoziiert, oft als „Inflatonfeld" bezeichnet. Das Universum kommt zur Existenz, riesig, explosionsartig, aber nicht explosiv.

Der Begriff Inflation ist ein wenig irreführend, denn er umfasst keinerlei etwas wie einen aufblasbaren Ballon, sondern vielmehr eine momentane Welligkeit in einer Art Skalarfeld, welches Energie verliert, die in Form von schwingenden Strings/Partikeln abgegeben wird. Masse und Energie sind austauschbar: $E=mc^2$. Das Universum wird nicht größer und größer wie ein aufblasbarer Ballon. Es springt einfach, enorm riesig, ins Dasein und erweitert sich dann.

Das Universum beginnt nur als Materie, es gibt noch keine Raum-Zeit. Einstein schrieb: „Nach der allgemeinen Relativitätstheorie, sind die geometrischen Eigenschaften des Raumes nicht unabhängig voneinander, sondern sie werden durch die Materie bestimmt."

Mit der Materie kommt die Gravitation, mit der Gravitation kommt die Krümmung des Raumes, aber noch immer keine Zeit (zumindest in der Form, wie wir sie kennen).

Aber was löst den Verlust von Energie zu Materie in dem ständig schwankenden Energie-Ozean aus? Die Unregelmäßigkeiten (Schwankungen) des Skalarfeld-ähnlichen könnte verstärkt werden durch eine zweite Art von Skalarfeld, das von einer externen Struktur, dem Vektor, induziert wird. Die Partikel des beginnenden Universums sind schwingende Strings, und jede unterschiedliche Art der Vibration entspricht einem anderen Teilchen. Nach der Bildung des Universums, schwingen diese weiterhin im Modus Materie-Energie. Die Bran schwingt zwischen Materie und Energie, und diese Schwingung könnte eine Erklärung sein, für den Lauf der Zeit, welcher kontrolliert werden könnte, damit auch die Bran. Sie wird von einem gespeicherten Modell aus früheren Entwicklungen des Universums bestimmt. Die Branenkosmologie wird von mehreren Theorien der Kosmologie und der Teilchenphysik gestützt. Der Kerngedanke ist, dass der sichtbare Teil des Universums auf eine Bran begrenzt ist, die sich in einem multidimensionalen Raum, dem so genannten Bulk, befindet.

Zyklus für Zyklus werden die Universen immer glatter und ihre Endprodukte besser. Unser Universum ist fein abgestimmt, als sei es entworfen worden, um die Intelligenz zu unterstützen.

Die Idee des anthropischen Prinzips ist irreführend in seiner Annahme, dass die Menschen das Endprodukt sind. Wir sind nur frühe Stadien von zahlreichen gesunden Zivilisationen in unserem Universum.

Inflationsmodelle setzen eine zyklische Entwicklung der Universen voraus, während der Urknall ein zufälliges, ein einmaliges Ereignis ist.

Einige Forscher brauen eine schicke Mischung aus Urknall und Inflationskosmologie zusammen.

Der Beginn unseres Universums war nicht dessen Genesis. Es war nur ein Übergang von einem früheren Universum in das gegenwärtige. Wir kennen den Mechanismus des Übergangs noch nicht, und auch nicht, welche Informationen aus den vorherigen Universen übergeben worden sind.

Nun erwägen Forscher die Möglichkeit, dass der Beginn unseres Universums durch etwas verursacht worden ist.

Die Details des inflationär kosmologischen Vektormodells werden im Laufe der Zeit verfeinert werden, aber die Kern-Attribute bleiben: die Universen wie das unsere sind zyklisch; viel Information wird vererbt; die Universen scheinen anthropisch zu sein, fein abgestimmt und unglaublich erfolgreich (weit über eine Zufallsevolution, die ausschließlich vom Urknall und der natürlichen Selektion definiert ist).

Aus einer bestimmten Perspektive, sind das Universum, das Leben und die Intelligenz nur schwingende Energie, die durch Information bestimmt wird.

Der Vektor speichert eine Aufzeichnung der Geschichte des Universums seit dessen Entstehung, einschließlich des individuellen Lebens aller Lebewesen und Menschen. Magnus, der Zugang zu den Aufzeichnungen hat, könnte im Detail die geologische, biologische und evolutionäre Geschichte von allem im Universum sehen, und von jedem einzelnen Individuum.

Der Vektor kann jedes einzelne Wesen, das jemals auf der Erde gelebt hat, wieder auferwecken. Magnus könnte das Gleiche tun.

Magnus könnte die Zukunft und die Vergangenheit der Wesen, Staaten, Sonnensysteme, von allem, durch den Vektor ändern.

Der Vektor hat die Macht, die Vergangenheit zu verändern, die dann mehr oder weniger anders aussehen könnte: keine Dinosaurier, zwei intelligente Rassen auf der Erde (wenn man die Sklaven-Rasse der Menschen als zivilisiert erachtet), keine Französische Revolution - *Canis sapientissimus* mag keine Revolutionen, Federico Castro verlegte die Hauptstadt von Hispaniola aus der heißen Insel Cubao weit in den Norden, fast an die Grenze des Großherzogtums Valdimir, um die enorme, von Sonneneruptionen verursachte Hitze zu vermeiden, gab es riesige, fliegende Drachen bis ins Mittelalter, als diese, aufgrund ihres leckeren Fleisches getötet wurden, wurde der Freistaat Bayern aus dem 18. Jahrhundert zum ersten sozialistischen Land der Welt und zum Hauptvertreter des Donau-Pakts, der 242 Jahre dauert, zum Schutz Europas gegen die Melbs, die über ganz Afroorienta regierten.

Die Menschen werden niemals wissen, dass ihre Geschichte geändert wurde. Sie werden glauben, dass ihre erfundene Vergangenheit wirklich passiert ist, und dass die Dinosaurier wirklich auf der Erde existierten.

Magnus kann alles bekommen, was ein Mann nur träumen kann: Reichtum, ewiges Leben in vollkommener Gesundheit und die Macht, um Staaten, Gruppen von Lebewesen und Einzelpersonen zu kontrollieren.

Magnus wird alle möglichen Kenntnisse über die Kulturen von diesem Universum besitzen, sowie von den früheren Universen, die in dem Vektor gespeichert sind.

Wir kennen immer noch nicht das endgültige Schicksal der Weltraum-Zivilisationen. Werden sie verenden, oder könnten einige das sterbende Universum verlassen? Oder wird es einen glücklichen Exit von vielen Billionen von Zivilisationen in ein anderes Universum geben?

298 Das verborgene Alpha

Die durchschnittliche Anzahl der Spermien pro Ejakulat beträgt etwa 300 Millionen: Tausende erreichen das Ei, aber nur eines davon überlebt, um es zu befruchten.

Laut Darwins Evolutionstheorie wird nur der Beste, oder einige wenige davon, überleben, egal ob es sich um Spermien oder Zivilisationen handelt.

Vielleicht ist das Universum ein ganz anderer Ort: wir begreifen es immer noch nicht, und das Szenario der Zukunft befindet sich vollkommen außerhalb unseres Wissens und unserer geistigen Leistungsfähigkeit.

Magnus wird die Zukunft aller Zivilisationen und Lebewesen kennen, die Zukunft des Universums, und wie man ihm zu entfliehen vermag und wohin man gehen muss, um das sterbende Mutter-Universum zu überleben, weil dies schon in dem vorherigen Universum passiert ist.

Der Mensch ist ein *Animalis habilis sapiens* unter der Kontrolle einer bislang unbekannten Kontrollstelle auf seiner Millionen-Jahre langen Reise zum *(Homo) sapiens sapiens.*

www.ingramcontent.com/pod-product-compliance
Lightning Source LLC
Chambersburg PA
CBHW051443170526
45166CB00001B/97